ABHANDLUNGEN DES METEOROLOGISCHEN DIENSTES
DER DEUTSCHEN DEMOKRATISCHEN REPUBLIK

Nr. 135 (Band XVIII)

EBERHARD FREYDANK

Berechnung und Prognose der Eisverhältnisse auf der Oder

Mit 22 Abbildungen und 22 Tabellen

AKADEMIE-VERLAG BERLIN
1986

ISSN 0138-5658
Erschienen im Akademie-Verlag Berlin, DDR-1086 Berlin, Leipziger Straße 3—4

Lizenznummer: 202 · 100/446/86
Printed in the German Democratic Republic
Gesamtherstellung: VEB Druckerei „Thomas Müntzer", 5820 Bad Langensalza
Lektor: Dipl.-Met. Heide Deutscher
LSV 1465
Bestellnummer: 763 488 7 (2023/135)
03200

Inhaltsverzeichnis

1. Einleitung 5

2. Datenmaterial und Datenverarbeitung 6

3. Vergleich einiger meteorologischer Größen im Untersuchungsgebiet 8

4. Eisstatistik der Oder 14

5. Die Berechnung der Bildung von Treibeis 22

5.1. Ableitung der allgemeinen Vorhersagegleichung 22
5.2. Berechnung der atmosphärischen Wärmeströme 22
5.3. Berechnung der Wassertemperatur 25
5.3.1. Die Berechnung der Wassertemperatur nach Eckel und Reuter 26
5.3.2. Berechnung der Wassertemperatur nach Schuljakowski 27
5.4. Die Bestimmung der Wärmeübergangszahl α 27
5.5. Die Bestimmung der hydrologischen Ausgangsgrößen 27
5.6. Die durch das Flußbett bedingten Wärmeströme 29
5.7. Genauigkeitsbetrachtungen 30
5.8. Einige Umformungen der Arbeitsformel 32

6. Ergebnisse der Berechnung der Wassertemperatur und der Treibeisbildung 35

6.1. Ergebnisse der Wassertemperaturberechnung 35
6.2. Analyse der Berechnungen zum Beginn der Eisbildung 37

7. Anwendung der Ergebnisse in der Praxis 38

8. Berechnung und Prognose des Eisstandes 39

8.1. Beziehungen Eisbildung — Wärmeabgabe an die Atmosphäre — Lufttemperatur 40
8.2. Dauer der Treibeisperiode an einem festen Punkt 42
8.3. Berechnung des Längenwachstums des Eisstandes 45

9. Berechnung der Eisbildung im Winter 1975/76 47

9.1. Beschreibung des Verlaufs der Lufttemperatur und der Eisverhältnisse 47
9.2. Anwendung und Überprüfung der Berechnungsverfahren 47
9.3. Schlußfolgerungen 47

10. Zusammenfassung/Summary/Резюме 48

11. Literaturverzeichnis 49

12. Liste der verwendeten Symbole 51

1. Einleitung

Genaue Kenntnisse über die Eisverhältnisse von Binnengewässern einschließlich der Prozesse der Eisbildung und Eisauflösung bilden eine wichtige Grundlage für die lang- und kurzfristige Planung verschiedener von den unterschiedlichen Wirkungen des Eises abhängiger Volkswirtschaftszweige. So sind beispielsweise Aussagen über Wahrscheinlichkeiten oder Wiederkehrsintervalle der Vereisung von Gewässern für die Planung der Wasserwirtschaft oder der Binnenschiffahrt ebenso von Interesse wie aktuelle lang-, mittel- oder kurzfristige Vorhersagen bestimmter Charakteristika der Eisverhältnisse.

Gegenwärtig konzentriert sich das Interesse der Praxis vor allem auf die Binnenwasserstraßen. So ist der Schiffsverkehr auf den Binnengewässern bei der eingesetzten Technik bereits bei Treibeis mit Gefahren, insbesondere durch Vereisung und Verminderung der Manövrierfähigkeit, verbunden und bereits bei mittlerem Treibeis nicht mehr zu vertreten. Bei fließenden Gewässern tritt neben diese unmittelbare Bedeutung der Eisverhältnisse für die Schiffahrt und die technischen Anlagen noch die Auswirkung auf die Wasserstands- und Abflußverhältnisse. Diese können sowohl zu bedeutenden Wasserstandserhöhungen als auch -reduzierungen führen. So wird dem Eisregime der Oder wegen der besonderen Gefahren durch veränderte Wasserstandsverhältnisse infolge des jährlich auftretenden Eises, aber auch wegen ihrer Wichtigkeit für die internationale Schiffahrt große Aufmerksamkeit geschenkt.

Die Oder befindet sich in den Wintermonaten häufiger im Bereich kalter Festlandsluft als andere weiter westlich gelegene Flüsse. Außerdem weist sie auch in ihren hydrologischen und morphologischen Verhältnissen einige Besonderheiten auf. Bedeutungsvoll für die Eisbildung und Eisauflösung sind die starke Abnahme des Wasserspiegelgefälles im Unterlauf der Oder, welches von 28 cm pro km bei Eisenhüttenstadt auf weniger als 1,5 cm pro km unterhalb Schwedts abnimmt, sowie die Beeinflussung des Abflusses durch den Rückstau der Ostsee und des Haffs im Unterlauf des Stromes. Des weiteren wirkt sich die Verengung des Querschnittes unterhalb des Wehres Widuchova ungünstig auf das „Eisabfuhrvermögen" der Oder aus.

Die Eisbildung vollzieht sich im Mündungsgebiet ähnlich wie bei stehenden Gewässern auf „statische" oder „bedingt dynamische" Art und Weise, d. h., die Wasseroberfläche friert von den Ufern her zu, während dann stromaufwärts fortschreitend nur noch die „dynamische" Eisbildung auftritt (Devik, 1931). Bei dieser Form der Eisbildung entsteht zunächst das Treibeis, welches dann an besonders gefährdeten Stellen (z. B. Engstellen, Krümmungen oder ähnlichem) nicht mehr abgeführt werden kann und dort stehen bleibt. Auf der Oder trifft das Treibeis in der Regel auf die bereits gebildete Eisdecke im Bereich des Jeziora Dabie und wächst dann nach oberhalb fort. Die Geschwindigkeit des Fortschreitens der Eisstandsgrenze hängt einerseits von der Menge des ankommenden Treibeises und andererseits von der Durchflußhöhe ab, da bei unterschiedlichen Strömungsgeschwindigkeiten das Eis mehr oder weniger stark zusammengepreßt wird. Außerdem wird durch die veränderten Rauhigkeitsverhältnisse der Durchfluß reduziert, und der Wasserstand steigt oberhalb der Eisstandsgrenze spürbar an. Bei stärker zusammengeschobenem Eis kann es im Zusammenhang mit Eisversetzungen zu katastrophalen Auswirkungen kommen.

Beim Ansteigen der Temperaturen über 0 °C wird das Eis mürbe, es bricht in Schollen auseinander und treibt als „Eisgang" ab. Auf der Oder wird dieser Vorgang regelmäßig durch die gemeinsam von der Volksrepublik Polen und der DDR eingesetzten Eisbrecherflotten unterstützt. Die besondere Gefahr liegt nun darin, daß die in unserem Klimagebiet recht häufigen und durch Schmelzwasser bedingten Winterhochwässer im Unterlauf der Oder auf einen Eisstand oder eine Eisversetzung treffen, wodurch es zu extremen Wasserstandserhöhungen kommen kann. Die Analyse des letzten „Eishochwassers" mit schwerwiegenden Folgen im Jahre 1947 und die Praxis der letzten 30 Jahre zeigen, daß Katastrophen derartigen Ausmaßes durch einen rechtzeitigen und gut geplanten Eisbrechereinsatz weitgehend vermieden werden können. Dabei wird im Mündungsgebiet mit dem Eisaufbruch begonnen und dann nach oberhalb fortgesetzt. Zu beachten ist, daß nicht mehr Eis gebrochen wird, als abgeführt werden kann und daß auch durch einen gestaffelten Einsatz der Eisbrecher ein erneutes Zusammenfrieren oder Stauen des Eises verhindert wird.

Um die im Zusammenhang mit dem Auftreten von Eis notwendigen volkswirtschaftlichen Entscheidungen, z. B. die zur Minimierung der hierdurch bedingten Schäden, zielgerichtet durchführen zu können, kommt es zunächst darauf an, objektive Methoden zur Einschätzung der Eissituation und deren Weiterentwicklung zur Verfügung zu haben. Aus diesem Grunde führte das Forschungsinstitut für Hydrometeorologie des Meteorologischen Dienstes der DDR im Auftrage und in enger Kooperation mit der zuständigen Wasserwirtschaftsdirektion Forschungsarbeiten zur Verbesserung der methodischen Grundlagen für die Beurteilung der Eisverhältnisse der Oder durch. Hier galt der Entwicklung praktisch anwendbarer Methoden zur Vorhersage der Eiserscheinungen besondere Aufmerksamkeit. In der vorliegenden Arbeit werden die wichtigsten bisher erzielten Ergebnisse dieser Untersuchungen mitgeteilt.

Nach der Erläuterung zum Verhalten einiger meteorologischer Größen im Untersuchungsgebiet wird die Erarbeitung der Eiskalender (1901—1970) und die statistische Bearbeitung dieser Beobachtungsdaten beschrieben. Daran schließt sich als Hauptteil der Arbeit die Darstellung der Berechnung und Prognose der Wassertemperatur und der Eisbildung an, während abschließend Wege zur Prognose des Eisstandes aufgezeigt werden.

2. Datenmaterial und Datenverarbeitung

Einen Überblick über das betrachtete Stromgebiet mit der Lage der Pegel und der meteorologischen Stationen gibt Abb. 1. Abb. 2 zeigt die entsprechenden Stromkilometer und die Kilometer oberhalb der Mündung.

Das Ausgangsmaterial bildeten die Angaben der Gewässerkundlichen Jahrbücher, aus denen, soweit veröffentlicht, die Wasserstände, Durchflüsse, Wassertemperaturen und die Angaben über die Eisverhältnisse

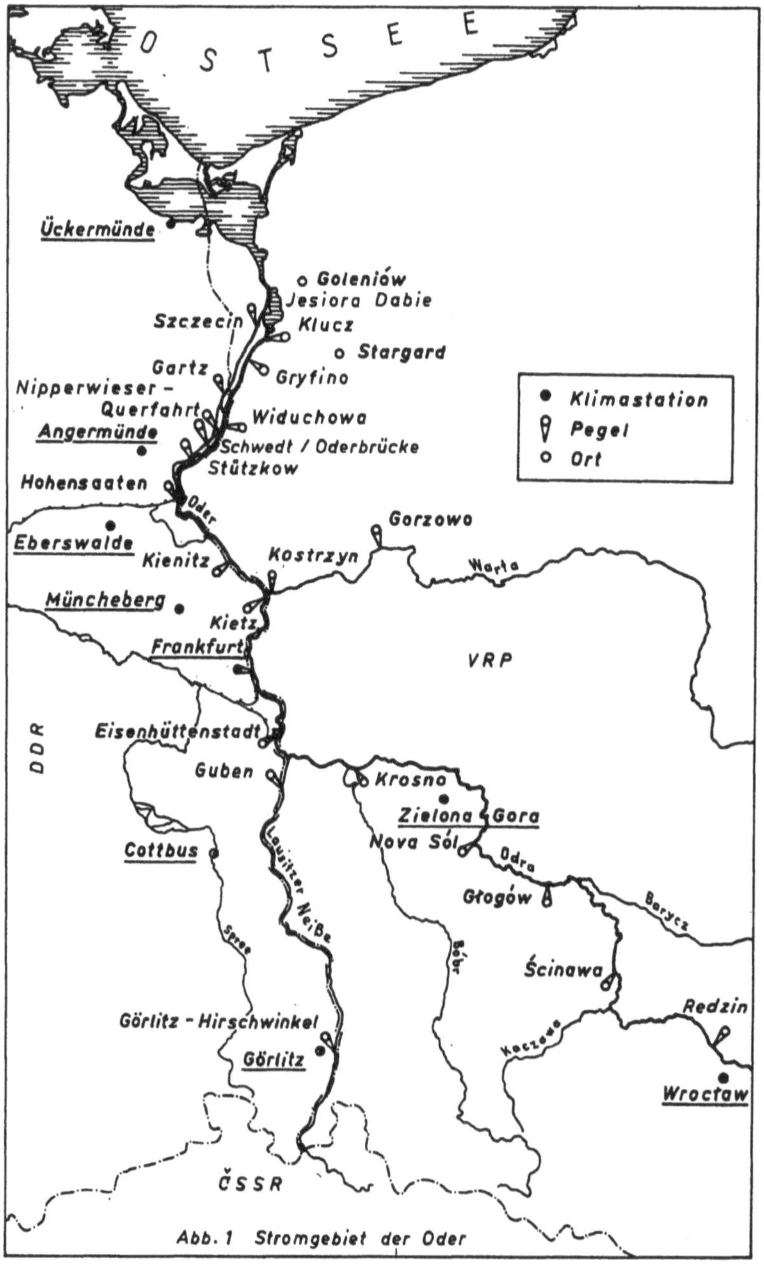

Abb. 1. Stromgebiet der Oder

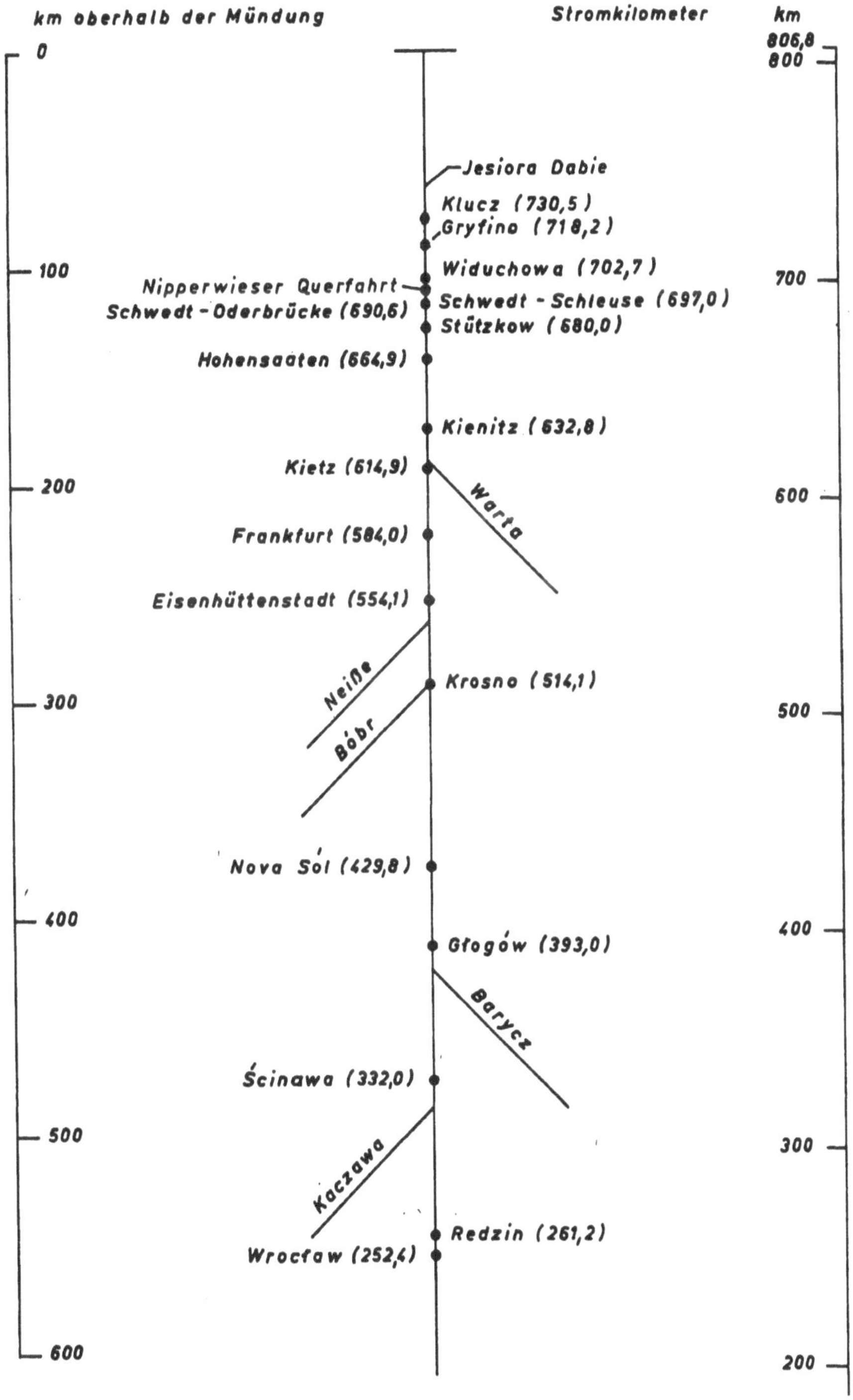

Abb. 2. Lage der Pegel am Wasserlauf mit Angabe der Stromkilometer und der Entfernung von der Mündung

entnommen wurden. Ergänzt wurde es durch Originalunterlagen der Wasserwirtschaftsdirektion und durch die graphischen Darstellungen der Eisverhältnisse auf der Oder des Wasserstraßenamtes Eberswalde. Die meteorologischen Daten entstammen dem Datenarchiv des Meteorologischen Dienstes der DDR.

Bei dem Beobachtungsmaterial handelt es sich in der Regel um Daten, die aus rein praktischer Sicht, vor allem zur Beratung der Schiffahrt und nicht zu Forschungszwecken gewonnen wurden. Eine gründliche Durchsicht und Überarbeitung war deshalb nützlich und erforderlich. Die Daten weisen, vor allem in der Zeit vor 1950, zum Teil beträchtliche Lücken auf. Dies trifft vor allem auf die Beobachtungen der Eiserscheinungen und der Wassertemperaturen zu. Durch Überkreuzvergleiche mit anderen Beobachtungspunkten und unter Beachtung des Witterungsverlaufes wurde versucht, diese Lücken zu schließen und andere Unsicherheiten zu beseitigen. Welche objektiven Schwierigkeiten hierbei auftreten können, sei am Beispiel der Eisbeobachtungen demonstriert: Diese Eisbeobachtungen wurden und werden in der Regel einmal am Tage an bestimmten Punkten oder auf bestimmten Strecken durchgeführt. Daraus folgt, daß die Genauigkeit für das Auftreten bestimmter

Eiserscheinungen nicht größer als ± 1 Tag sein kann. Häufig setzt nach der Bildung des Eisstandes sogenanntes „Eisrücken" ein, d. h., der gesamte Eisstand rückt mitunter auf breiter Fläche um einige Kilometer nach unterhalb. Hierdurch kann für einen bestimmten Beobachtungspunkt (Pegel) der Fall eintreten, daß, nachdem der Eisstand bereits bis dorthin vorgedrungen war, am nächsten Tag trotz weiterer Treibeiszufuhr kein Eisstand beobachtet wird. Diese durch das Eisrücken verursachten Modifizierungen des Aufbaus des Eisstandes lassen sich, bedingt durch die gegenwärtige Beobachtungspraxis, nicht beseitigen.

Die überprüften Daten wurden, wenn nötig, digitalisiert, auf Lochkarten abgelocht und auf Magnetband gespeichert. Die Weiterverarbeitung erfolgte im Rechenzentrum des Meteorologischen Dienstes der DDR auf einer Rechenanlage des Typs BESM 6, wobei die Programme in der Programmiersprache FORTRAN geschrieben wurden.

3. Vergleich einiger meteorologischer Größen im Untersuchungsgebiet

Das Gebiet der Grenzoder, repräsentiert durch die meteorologischen Stationen Angermünde, Frankfurt und Cottbus, liegt im „stärker kontinental beeinflußten Binnentiefland Südostbrandenburgs" (BÖER, 1965). Im Norden schließt sich das „stärker maritim beeinflußte Binnentiefland Ostmecklenburgs" (Station Ückermünde) und im Süden das „Vorland des Zittauer Gebirges" (Station Görlitz) an. In der Tabelle 1 sind für die genannten Stationen die klimatologischen Normalwerte der Lufttemperatur [°C] der Reihe 1901—1950 wiedergegeben.

Tabelle 1 Normalwerte der Lufttemperatur einiger meteorologischer Stationen

Station	XI	XII	I	II	Mittel XI—II
Ückermünde	3,5	0,6	—0,8	—0,5	0,71
Angermünde	3,2	0,2	—1,1	—0,4	0,47
Frankfurt	3,4	0,3	—0,9	—0,2	0,65
Cottbus	3,8	0,6	—0,6	+0,1	0,97
Görlitz	3,7	0,4	—0,8	—0,1	0,80

Von den im Grenzbereich gelegenen Stationen einmal abgesehen, deutet sich ein Temperaturgefälle von Süd nach Nord an. Zur näheren Untersuchung wird das statistische Verhalten der Tageswerte folgender meteorologischer Größen etwas eingehender betrachtet: Tagesmittel, Tagesmaximum, Tagesminimum und Tagesschwankung der Lufttemperatur, relative Luftfeuchte, Bedeckungsgrad, Windgeschwindigkeit und Sonnenscheindauer (soweit vorhanden). Dabei soll vor allem geklärt werden, inwieweit eine Station, etwa Frankfurt, als Basisstation dienen kann.

Die statistischen Untersuchungen umfassen:

— Berechnung der empirischen Verteilungsfunktionen der genannten meteorologischen Größen für die Monate November bis Februar der Jahre 1951 bis 1972 für alle fünf Stationen,

— Bestimmung der mittleren Autokorrelationsfunktion und der effektiven Erhaltungszahl,

— Testung der gefundenen Verteilungsfunktionen auf Normalverteilung mit Hilfe des χ^2-Anpassungstestes nach PEARSON,

— Berechnung der Mittelwerte und Streuungen,

Tabelle 2 Mittelwert, Standardabweichung und Ergebnis der Prüfung der empirischen Verteilungsfunktionen auf Normalverteilung für die verschiedenen meteorologischen Größen und Stationen (1951—1972, Nov.—Febr.)

$N = 2646$		1 Ü	2 A	3 F	4 C	5 G
1		2	3	4	5	6
t_L	z	1,20	1,10	1,20	1,50	0,80
	m	0,70	0,53	0,69	0,91	0,17
	s	4,93	5,17	5,20	5,32	5,25
	F = NV	nein	nein	nein	nein	nein
t_{max}	z	3,20	3,20	3,50	3,90	2,90
	m	3,17	3,07	3,32	3,75	2,70
	s	4,70	4,88	5,12	5,31	5,15
	F = NV	ja	ja	ja	ja	ja
t_{min}	z	—0,70	—0,70	—0,60	—0,60	—1,15
	m	—2,02	—2,16	—1,92	—1,87	—2,39
	s	5,63	5,91	5,73	5,85	5,83
	F = NV	nein	nein	nein	nein	nein
Δt	z	4,70	4,60	4,70	5,10	4,50
	m	5,19	5,23	5,23	5,62	5,09
	s	2,73	2,91	2,77	2,95	2,73
	F = NV	nein	nein	nein	nein	nein
f	z	89,0	88,0	87,0	86,0	86,0
	m	87,6	86,7	86,1	85,2	85,2
	s	6,9	7,3	7,6	8,0	8,2
	F = NV	nein	nein	nein	nein	nein
B	z	0,83	0,93	0,87	0,91	0,87
	m	0,74	0,75	0,77	0,77	0,76
	s	0,29	0,32	0,27	0,28	0,28
	F = NV	nein	nein	nein	nein	nein
v	z	3,70	2,91	3,30	2,50	4,33
	m	4,38	3,14	3,88	3,22	5,24
	s	3,12	2,18	2,47	2,32	3,46
	F = NV	nein	nein	nein	nein	nein

- Testung der Differenzen der Mittelwerte zwischen den Stationen mit dem t-Test,
- Berechnung der Korrelations- und Regressionskoeffizienten zwischen den Stationen,
- Berechnung des tetrachorischen Korrelationskoeffizienten,
- Prüfung der Signifikanz der Unterschiede der Verteilungsfunktionen zwischen den Stationen mit Hilfe des χ^2-Tests.

Da für die vorliegende Fragestellung die Frostperioden besonders interessieren, wurden die gleichen Untersuchungen noch einmal für solche Zeiträume wiederholt, in denen an der meteorologischen Station Frankfurt die Tagesmittelwerte der Lufttemperatur unter Null Grad lagen. Die wichtigsten Ergebnisse sind in den Tabellen 2—4 zusammengefaßt.

Die Tabelle 2 enthält für die erwähnten meteorologischen Stationen und für die meteorologischen Größen die Mittelwerte über den gesamten Zeitraum, die dazugehörigen Standardabweichungen sowie die Entscheidungen, ob im vorgegebenen Signifikanzniveau von 5% die Nullhypothese beim Test auf Normalverteilung abgelehnt werden muß (nein) oder angenommen wird oder, exakter gesagt, der Nullhypothese nicht widersprochen wird (ja).

Tabelle 3 Mittelwert, Standardabweichung und Ergebnis der Prüfung der empirischen Verteilungsfunktion auf Normalverteilung für die verschiedenen meteorologischen Größen und Stationen (1951 bis 1972; Nov.—Febr.; Frostperioden)

$N = 981$		1 Ü	2 A	3 F	4 C	5 G
t_L	m	−4,27	−4,52	−4,43	−4,51	−4,55
	s	3,73	3,94	3,85	4,00	4,09
	$F = NV$	nein	nein	nein	nein	nein
t_{max}	m	−1,36	−1,50	−1,49	−1,38	−1,82
	s	3,21	3,35	3,50	3,72	3,67
	$F = NV$	ja	ja	ja	ja	nein
t_{min}	m	−7,54	−7,79	−7,37	−7,64	−7,41
	s	4,90	5,16	4,87	5,02	5,15
	$F = NV$	nein	nein	nein	nein	nein
Δt	m	6,18	6,29	5,87	6,26	5,59
	s	3,23	3,48	3,09	3,40	3,18
	$F = NV$	nein	nein	nein	nein	nein
f	m	85,6	84,7	85,3	85,0	85,3
	s	7,4	7,7	7,7	7,9	7,4
	$F = NV$	nein	nein	nein	nein	nein
B	m	0,65	0,71	0,70	0,69	0,71
	s	0,33	0,32	0,31	0,33	0,32
	$F = NV$	nein	nein	nein	nein	nein
v	m	3,38	2,75	3,03	3,29	4,17
	s	2,46	1,68	1,83	1,68	3,15
	$F = NV$	nein	nein	nein	nein	nein

In der Tabelle 3 stehen die gleichen Angaben für die Frostperioden.

Tabelle 4 Differenzen der Mittelwerte und Streuungen sowie die Entscheidungen, ob die beiden empirischen Verteilungsfunktionen einer gemeinsamen Grundgesamtheit entstammen (ja) oder nicht (nein) (rechts der Diagonalen — alle Werte, links — nur Frostperioden)

a) Lufttemperatur

t_L	1 Ü	2 A	3 F	4 C	5 G
1 Δm		+0,17	+0,01	−0,21	+0,53
Ü Δs		−0,24	−0,27	−0,39	−0,32
$F_j = F_k$		ja	ja	ja	ja
2 Δm	+0,25		−0,16	−0,38	+0,36
A Δs	−0,21		−0,03	−0,15	−0,08
$F_j = F_k$	ja		ja	ja	ja
3 Δm	+0,16	−0,09		−0,22	+0,52
F Δs	−0,12	+0,09		−0,12	−0,05
$F_j = F_k$	ja	ja		ja	ja
4 Δm	+0,24	−0,01	+0,08		+0,74
C Δs	−0,27	−0,06	−0,15		+0,07
$F_j = F_k$	ja	ja	ja		ja
5 Δm	+0,28	+0,03	+0,12	+0,04	
G Δs	−0,36	−0,15	−0,24	−0,09	
$F_j = F_k$	ja	ja	ja	ja	

b) tägliche Maximaltemperatur

t_{max}	1 Ü	2 A	3 F	4 C	5 G
1 Δm		+0,10	−0,15	−0,58	+0,47
Ü Δs		−0,18	−0,42	−0,61	−0,45
$F_j = F_k$		ja	ja	ja	ja
2 Δm	+0,14		−0,25	−0,68	+0,37
A Δs	−0,14		−0,24	−0,43	−0,27
$F_j = F_k$	ja		ja	ja	ja
3 Δm	+0,13	−0,01		−0,43	+0,62
F Δs	−0,29	−0,15		−0,19	−0,03
$F_j = F_k$	ja	ja		ja	ja
4 Δm	+0,02	−0,12	−0,11		+1,05
C Δs	−0,51	−0,37	−0,22		+0,16
$F_j = F_k$	ja	ja	ja		ja
5 Δm	+0,46	+0,32	+0,33	+0,44	
G Δs	−0,46	−0,32	−0,17	+0,05	
$F_j = F_k$	ja	ja	ja	ja	

c) tägliche Minimaltemperatur

t_{min}	1	2	3	4	5
	Ü	A	F	C	G
1 Δm		+0,14	−0,10	−0,15	+0,37
Ü Δs		−0,28	−0,10	−0,22	−0,20
$F_j = F_k$		ja	ja	ja	ja
2 Δm	+0,25		−0,24	−0,29	+0,23
A Δs	−0,26		+0,18	+0,06	+0,08
$F_j = F_k$	ja		ja	ja	ja
3 Δm	−0,17	−0,42		−0,05	+0,47
F Δs	+0,03	+0,29		−0,12	−0,10
$F_j = F_k$	ja	ja		ja	ja
4 Δm	+0,10	−0,15	+0,27		+0,52
C Δs	−0,12	+0,14	−0,15		+0,02
$F_j = F_k$	ja	ja	ja		ja
5 Δm	−0,13	−0,38	−0,04	−0,23	
G Δs	−0,25	+0,01	−0,28	−0,13	
$F_j = F_k$	ja	ja	ja	ja	

d) tägliche Tagesschwankung der Lufttemperatur

t	1	2	3	4	5
	Ü	A	F	C	G
1 Δm		−0,04	−0,04	−0,43	+0,10
Ü Δs		−0,18	−0,04	−0,22	0,00
$F_j = F_k$		ja	ja	nein	ja
2 Δm	−0,11		0,00	−0,39	+0,14
A Δs	−0,25		+0,14	−0,04	+0,18
$F_j = F_k$	ja		ja	nein	ja
3 Δm	+0,31	+0,42		−0,39	+0,14
F Δs	+0,14	+0,39		−0,17	+0,04
$F_j = F_k$	ja	ja		nein	nein
4 Δm	−0,08	+0,03	−0,39		+0,53
C Δs	−0,17	+0,08	−0,31		+0,22
$F_j = F_k$	nein	ja	ja		nein
5 Δm	+0,59	+0,70	+0,88	+0,67	
G Δs	+0,05	+0,30	−0,09	+0,22	
$F_j = F_k$	nein	ja	ja	ja	

e) relative Luftfeuchte

f	1	2	3	4	5
	Ü	A	F	C	G
1 Δm		+0,9	+1,5	+2,4	+2,4
Ü Δs		−0,4	−0,7	−1,1	−1,3
$F_j = F_k$		nein	nein	nein	nein
2 Δm	+0,9		+0,6	+1,5	−1,5
A Δs	−0,3		−0,3	−0,7	−0,9
$F_j = F_k$	ja		ja	nein	nein
3 Δm	+0,3	−0,6		+0,9	+0,9
F Δs	−0,3	0,0		−0,4	−0,6
$F_j = F_k$	ja	ja		ja	nein
4 Δm	+0,6	−0,3	+0,3		±0,0
C Δs	−0,5	−0,2	−0,2		−0,2
$F_j = F_k$	ja	ja	ja		ja
5 Δm	+0,6	−0,6	±0,0	−0,3	
G Δs	±0,0	+0,3	+0,3	+0,5	
$F_j = F_k$	ja	ja	ja	ja	

f) Bedeckung mit Wolken

B	1	2	3	4	5
	Ü	A	F	C	G
1 Δm		−0,01	−0,03	−0,03	−0,02
Ü Δs		−0,03	+0,02	+0,01	+0,01
$F_j = F_k$		nein	ja	ja	ja
2 Δm	−0,06		−0,02	−0,02	−0,01
A Δs	+0,01		+0,05	+0,04	+0,04
$F_j = F_k$	ja		nein	nein	nein
3 Δm	−0,05	+0,01		0,00	+0,01
F Δs	+0,02	+0,01		−0,01	−0,01
$F_j = F_k$	ja	ja		ja	ja
4 Δm	−0,04	+0,02	+0,01		+0,01
C Δs	−0,00	−0,01	−0,02		±0,00
$F_j = F_k$	ja	ja	ja		ja
5 Δm	−0,06	±0,00	−0,01	−0,02	
G Δs	+0,01	±0,00	−0,02	+0,01	
$F_j = F_k$	ja	ja	ja	ja	

g) Windgeschwindigkeit

v	1	2	3	4	5
	Ü	A	F	C	G
1 Δm		+1,24	+0,50	+1,16	−0,86
Ü Δs		+0,94	+0,65	+0,80	−0,34
$F_j = F_k$		nein	nein	nein	nein
2 Δm	+0,63		−0,74	−0,06	−2,10
A Δs	+0,78		−0,29	−0,24	+1,28
$F_j = F_k$	nein		nein	ja	nein
3 Δm	+0,35	−0,28		+0,66	−1,36
F Δs	+0,63	−0,15		+0,15	−0,99
$F_j = F_k$	nein	ja		nein	nein

ν		1	2	3	4	5
		Ü	A	F	C	G
4	Δm	+0,89	+0,26	+0,54		−2,02
C	Δs	+0,78	±0,00	+0,15		−1,14
	$F_j = F_k$	nein	ja	nein		nein
5	Δm	−0,79	−1,42	−1,14	−1,68	
G	Δs	−0,69	−1,47	−1,32	−1,47	
	$F_j = F_k$	nein	nein	nein	nein	

Die Tabellen 4a—g geben dagegen in Matrizenform für jede Variable getrennt sämtliche vorkommenden Differenzen der Mittelwerte und der Standardabweichungen zwischen den Stationen an sowie die Entscheidungen, ob die Nullhypothese, daß jeweils die Verteilungsfunktionen zwischen den Stationen gleich seien, abgelehnt werden muß (nein) oder angenommen wird (ja). Der rechts von der Diagonalen liegende Teil enthält die Angaben über das gesamte Wertekollektiv, der links liegende diejenigen bei negativer Lufttemperatur. In den Zeilen und Spalten sind die Stationen von Nord nach Süd eingetragen, wobei sich für jede Zeile 1 die Differenz berechnet nach

$$d_{ij} = x_{ij} - x_{ik}; \quad j = 1, 2, 3, 4, 5; \quad k = j + 1, \dots 5.$$

Positive Vorzeichen bedeuten demzufolge, daß die Werte der nördlich gelegenen Station größer als die der südlichen sind. Den Überlegungen OLBERGS (1971, 1972) und TAUBENHEIMS (1974) folgend, muß die Erhaltungsneigung, ausgedrückt durch die Autokorrelation, auch beim χ^2-Test zur Prüfung einer empirischen Verteilungsfunktion auf Normalverteilung oder bei der Prüfung der Unterschiede zweier Häufigkeitsverteilungen beseitigt werden. Die entsprechenden χ^2-Summen berechnen sich allgemein (TAUBENHEIM, 1969) wie folgt:

$$\chi^2 = \sum_{i=1}^{M} \frac{(h_i - h_i^n)^2}{h_i^n} \tag{3.1}$$

bzw.

$$\chi^2 = \sum_{i=1}^{M} \frac{(h_{1,i} - h_{2,i})^2}{h_{1,i} + h_{2,i}}, \tag{3.2}$$

mit $h_i^n = N \cdot p_i$, der theoretischen Häufigkeit, h_i = absolute Häufigkeit der Klasse i, $h_{1,i}$ und $h_{2,i}$, absolute Häufigkeiten der 1. bzw. 2. Häufigkeitsverteilung. Wird nun beispielsweise eine neue, künstliche Reihe geschaffen, indem z. B. jeder Wert 4mal aufgeschrieben wird, vergrößert sich die Gesamtzahl der Werte um den Faktor 4 ebenso wie die Besetzungszahlen in den einzelnen Klassen. Da die χ^2-Summe aber nicht größer, sondern gleichgroß wie in der Ausgangsreihe erwartet wird, müssen die Häufigkeiten in den Klassen mit dem Faktor 1/4 multipliziert werden. Auf die obige Beziehung angewendet, folgt daraus, daß die Häufigkeiten durch die effektive Erhaltungszahl dividiert werden müssen,

$$\chi^2 = \sum_{i=1}^{M} \frac{\left(\frac{h_i}{\delta} - \frac{h_i^n}{\delta}\right)^2}{\frac{h_i^n}{\delta}} = \frac{1}{\delta} \sum_{i=1}^{M} \frac{(h_i - h_i^n)^2}{h_i^n}, \tag{3.1 a}$$

$$\chi^2 = \sum_{i=1}^{M} \frac{\left(\frac{h_{1,i}}{\delta_1} - \frac{h_{2,i}}{\delta_2}\right)^2}{\frac{h_{1,i}}{\delta_1} + \frac{h_{2,i}}{\delta_2}} \tag{3.2a}$$

und im Falle

$$\delta_1 = \delta_2 = \delta \tag{3.2a}$$

$$\chi^2 = \frac{1}{\delta} \cdot \sum_{i=1}^{M} \frac{(h_{1,i} - h_{2,i})^2}{h_{1,i} + h_{2,i}}. \tag{3.2b}$$

Die von der Erhaltungsneigung bereinigte χ^2-Summe ergibt sich also durch Division durch die effektive Erhaltungszahl, beim Vergleich zweier Häufigkeitsverteilungen allerdings nur dann, wenn beide Erhaltungszahlen gleich sind.

Die effektive Erhaltungszahl kann bestimmt werden, wenn es möglich ist, den Prozeß als eine MARKOVsche Kette zu beschreiben, deren Autokorrelationsfunktion die Form $K(\tau) = \exp(-\alpha \cdot \tau)$ hat, denn bei äquidistanten Zeitschritten ist $\tau = l \cdot \Delta t$, und $\eta = (l \cdot \Delta t)^{-1}$ bedeutet die Anzahl der Zeitschritte, innerhalb derer die Autokorrelationsfunktion auf den Wert $1/e$ abgeklungen ist:

$$K_l = \exp(-1/\eta).$$

Für eine hinreichend lange Beobachtungsdauer ($N/\eta \gtrsim 5$) kann δ gleich η gesetzt werden (TAUBENHEIM, 1974).

In der vorliegenden Arbeit wird zur Ermittlung von η folgendermaßen vorgegangen: Es werden für jede Station und für jeden Winter (120 Werte) für alle meteorologischen Größen die Autokorrelationsfunktionen (maximale Verschiebung = 11) und daraus für jedes Element und jede Station eine mittlere Autokorrelationsfunktion bestimmt. Eine eingehende Diskussion der Autokorrelationsfunktionen erfolgt nicht, da sie lediglich der Ermittlung der Erhaltungszahl dienen. Der Angleich an den vorgegebenen exponentiellen Abfall erfolgt mit Hilfe der Methode der kleinsten Quadrate, in dem der Ausdruck

$$\sum_{l=1}^{11} [K(l) - \exp(-1/\eta)]^2 \quad \text{für} \quad \eta = 1, 2, \dots 10$$

ein Minimum werden soll. Zur Veranschaulichung können Abb. 3 und 4 dienen, in denen die Autokorrelationsfunktionen für Frankfurt bzw. diejenigen der Lufttemperatur und der Windgeschwindigkeit für alle Stationen dargestellt sind. Bei manchen Elementen schwanken die effektiven Erhaltungszahlen zwar etwas zwischen den Stationen, doch sind diese Abweichungen sehr gering. Im einzelnen wird mit den in Tab. 5 aufgeführten Erhaltungszahlen gerechnet.

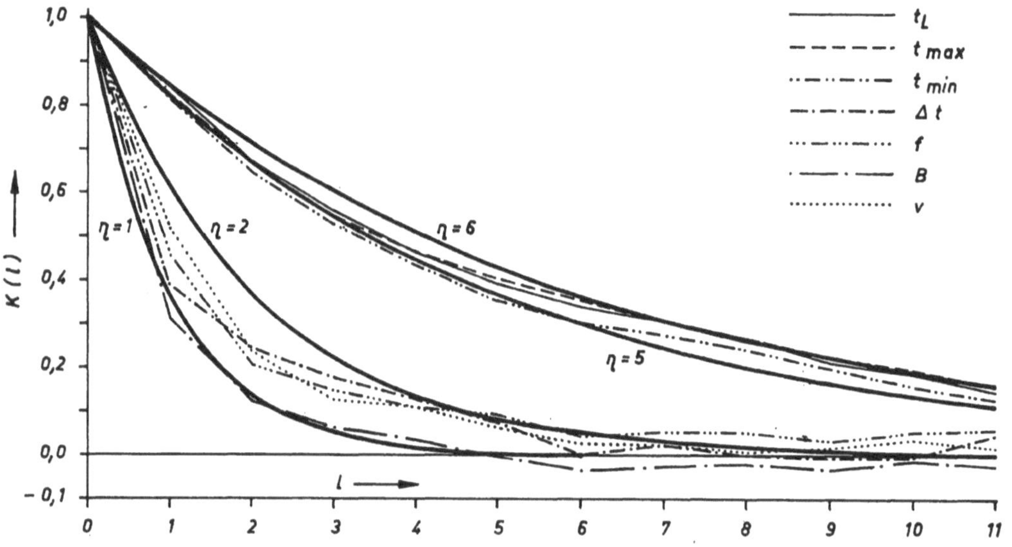

Abb. 3. Mittlere Autokorrelationsfunktionen (Nov.-Febr.) verschiedener meteorologischer Elemente der Station Frankfurt

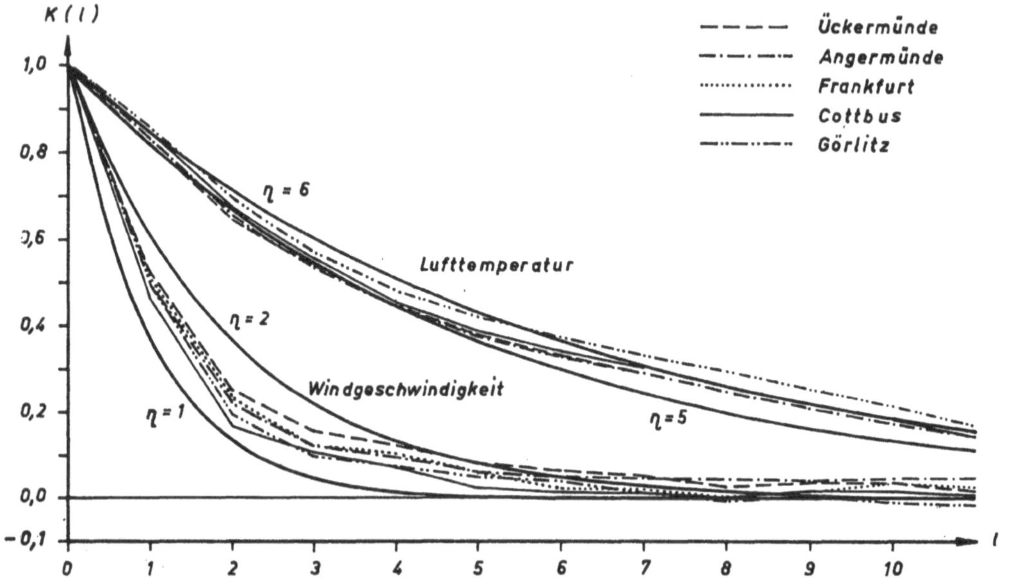

Abb. 4. Mittlere Autorokorrelationsfunktionen (Nov.—Febr.) der Windgeschwindigkeit und der Lufttemperatur für verschiedene meteorologische Stationen

Tabelle 5 Erhaltungszahlen einiger meteorologischer Größen

Element	t_L	t_{max}	t_{min}	t	f	b	v
η (d)	6	6	5	1	2	1	2

Beim Test auf Normalverteilung muß festgestellt werden, daß außer den Tagesmaxima keine der betrachteten Variablen als normalverteilt anzusehen sind, was sich natürlich erschwerend auf die statistische Sicherung und Interpretation der Ergebnisse auswirkt. Deshalb sind in Abb. 5 auch nicht die gewöhnlichen Korrelationskoeffizienten eingetragen, sondern die tetrachorischen (Vierfelder-) Korrelationskoeffizienten (TAUBENHEIM, 1969). Sie sind alle im 5-%-Niveau gesichert. Die Korrelationskoeffizienten nehmen wie erwartet mit der Entfernung ab. Bei der Lufttemperatur ist diese Abnahme jedoch bedeutend geringer als bei der Windgeschwindigkeit und der relativen Feuchte. Die größeren Streuungen um die Ausgleichslinien weisen auf größere Inhomogenitäten hin bzw. darauf, daß die Stationen dieses Entfernungsbereiches in bezug auf dieses Element nicht mehr füreinander repräsentativ anzusehen sind.

Der t-Test gestattet leider keine Aussage hinsichtlich der Signifikanz der Differenzen zwischen den Mittelwerten, weswegen auf eine Mitteilung der berechneten t-Werte auch verzichtet wird. Der χ^2-Test zum Vergleich zweier empirischer Verteilungsfunktionen ist jedoch unabhängig von der Form der Verteilungsfunktionen. Des weiteren konvergiert mit steigender Anzahl der Mittelwert gegen die mathematische Erwartung und die Varianz gegen die Dispersion, so daß im Bewußtsein dessen, daß keine Vertrauensgrenzen angegeben werden können, und unter der Voraussetzung, daß keine systematischen Fehler die Ergebnisse verfälschen, eine vorsichtige Interpretation vorgenommen werden kann.

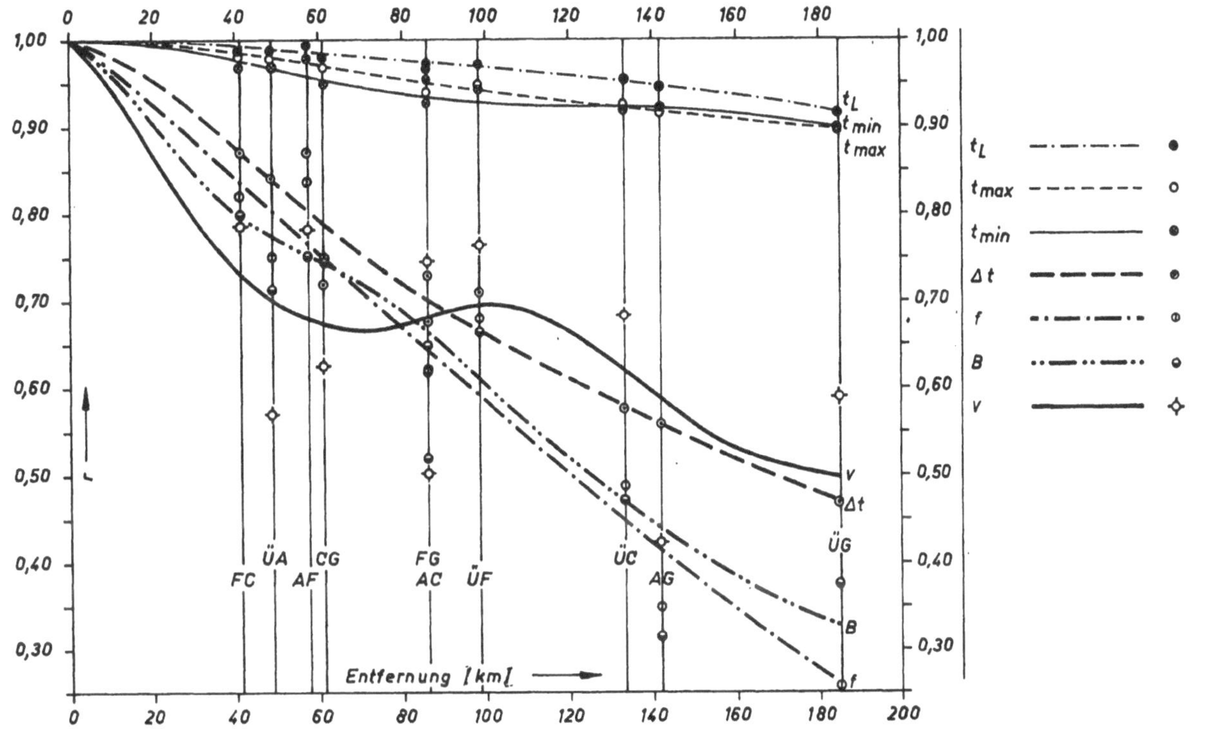

Abb. 5. Abhängigkeit des tetrachorischen Korrelationskoeffizienten für verschiedene meteorologische Größen von der Entfernung

Es werden dabei die Stationen Angermünde, Frankfurt und Cottbus diskutiert und die Stationen Ückermünde bzw. Görlitz nur am Rande behandelt.

Eine tiefergreifende, etwa die großräumigen Wetterlagen oder die örtlichen Besonderheiten berücksichtigende Beschreibung ist nicht notwendig, da in diesem Zusammenhang nur die allgemeinen Fakten und Größenordnungen interessieren:

a) Lufttemperatur (Tagesmittel und Extremwerte):
Die bei den Normalwerten sich zeigende Temperaturabnahme von Süd nach Nord (im Bereich des stärker kontinental beeinflußten Binnentieflands Südostbrandenburgs) läßt sich auch bei dieser Periode nachweisen. Es deutet sich an, daß außer bei der Minimaltemperatur bei Auswahl der Frostperioden die Unterschiede geringer werden. Auch die Streuungen werden innerhalb der Frostperioden geringer. Die Unterschiede in den Verteilungsfunktionen zwischen den Stationen sind nicht gesichert.

b) Tagesschwankung der Lufttemperatur:
Sie ist im Mittel innerhalb der Frostperioden größer als im Gesamtzeitraum. Nur die Verteilungsfunktionen zwischen den Stationen Ückermünde—Cottbus und Ückermünde—Görlitz unterscheiden sich signifikant.

c) Relative Luftfeuchte:
Die auftretenden Unterschiede der Mittelwerte und der Standardabweichungen sind sehr gering. Innerhalb der Frostperioden gelingt der Nachweis verschiedener Verteilungsfunktionen nicht.

d) Bedeckungsgrad:
Die Mittelwerte in den Frostperioden sind durchweg kleiner und die Streuungen größer als bei Betrachtung des Gesamtkollektivs, ansonsten läßt sich keine Systematik der Unterschiede feststellen. Innerhalb der Frostperioden unterscheiden sich die Verteilungsfunktionen nicht signifikant.

e) Windgeschwindigkeit:
Es deutet sich eine Abnahme der Mittelwerte und Streuungen innerhalb der Frostperioden an. Die Unterschiede zwischen den Stationen werden hierbei besonders stark von den örtlichen Besonderheiten bei der Ermittlung der Windgeschwindigkeit überlagert. Fast alle empirischen Verteilungsfunktionen unterscheiden sich signifikant.

f) Sonnenscheindauer:
Die Untersuchungen zur Sonnenscheindauer haben nur den Zweck, die Frankfurter Beobachtungsreihe, die erst seit 1964 vorliegt, zu ergänzen. Hierfür wird die Station Angermünde verwendet. Das Beobachtungsmaterial umfaßt also für die Jahre 1964 bis 1972 1023 Wertepaare. Einige statistische Kenngrößen sind nachfolgend zusammengefaßt:

$$\bar{h}_F = 1{,}55h,\ s_F = \pm 2{,}23;$$
$$\bar{h}_A = 1{,}47h,\ s_A = \pm 2{,}19;$$
$$b = 0{,}83,\ a = 0{,}34,\ s_R = \pm 1{,}30;$$
$$\chi_F^2 = 1592,\ \chi_A^2 = 1776,\ \chi_{A/F}^2 = 7{,}1.$$

Da einerseits die empirischen Verteilungsfunktionen erwartungsgemäß nicht normalverteilt sind (und somit der Korrelationskoeffizient keine sichere Schätzung des Anteils der stochastischen, linearen Abhängigkeit an der Gesamtstreuung erlaubt) und zum anderen die beiden empirischen Verteilungsfunktionen bei einem theoretischen $\chi^2_{5\%} = 15{,}5$ bei 8 Freiheitsgraden sich nicht signifikant voneinander unterscheiden, werden für den Zeitraum von 1951 bis 1964 die Werte der Sonnenscheindauer von Angermünde eingesetzt.

Bei der im Kapitel 7 beschriebenen Berechnung der Wassertemperatur vom Pegel Eisenhüttenstadt bis zum Pegel Hohensaaten sollen möglichst genau diejenigen meteorologischen Größen in die Berechnungen eingehen, denen die Wassermasse auf ihrem Weg ausgesetzt ist. Wie ein Blick auf die Abbildungen 1 und 2 zeigt, bieten sich hierfür vor allem die Beobachtungen der Stationen Angermünde und Frankfurt an. Es erleichtert natürlich die Rechenarbeiten erheblich, wenn als meteorologische Ausgangsdaten die Werte von nur einer Station genügen. Dies gilt auch bei der praktischen Anwendung der Ergebnisse für die Vorhersage der Eiserscheinungen, da es zur Zeit noch auf erhebliche Schwierigkeiten stößt, etwa für mehrere Tage Vorhersagen der wichtigsten meteorologischen Größen für solche kleinen räumlichen Entfernungen differenziert zu erhalten.

Auf Grund der vorliegenden Ergebnisse kann gesagt werden, daß für die in diesem Zusammenhang wichtigsten meteorologischen Größen Lufttemperatur, Windgeschwindigkeit und Bedeckungsgrad in den Frostperioden zwischen beiden Stationen ein signifikanter Unterschied nicht nachgewiesen werden kann.

4. Eisstatistik der Oder

Die statistischen Untersuchungen über die Eisverhältnisse der mitteleuropäischen Gewässer erstreckten sich wegen der großen Bedeutung für die Schiffahrt in der Vergangenheit auf der einen Seite vor allem auf die Gebiete der Nord- und Ostsee. Diese Arbeiten sind besonders mit den Namen PRÜFER, GOEDECKE, BLÜTHGEN und in neuerer Zeit auch mit LAUBER (1970), v. PETERSSON (1966), HUPFER (1967) und CORRENS (1973) verbunden. Hierbei wurden vor allem solche Begriffe wie „Eisvorbereitungszeit" oder „Wärme- bzw. Kältesummen" eingeführt und ihr Zusammenhang mit den Eiserscheinungen dargestellt. Auf der anderen Seite steht auch die Donau im Mittelpunkt des Interesses. Arbeiten hierüber lassen sich zum Teil bis weit in das vergangene Jahrhundert verfolgen. Als wichtigste seien genannt: SWAROWSKY (1891), LASZLOFFY/SZESZTAY (1964), HORVATH (1966), LASZLOFFY (1967), VÖLK (1967). Über andere Wasserläufe Mitteleuropas sind ähnliche Untersuchungen kaum zu finden: GELINKSY (1951), HAHN (1952), SPERLING (1956, 1957). Speziell für die Wasserstraßen der DDR sind in einer ähnlichen Form erst in letzter Zeit einige Arbeiten bekannt geworden, NIESCHE (1968), CIESLA (1969). Die Ursachen hierfür sind einmal darin zu sehen, daß die für statistische Untersuchungen notwendigen längeren Beobachtungsreihen nur selten vorhanden sind, und zum anderen ist das Beobachtungsmaterial wegen der künstlichen Beeinflussung durch den Menschen häufig nicht mehr als homogen zu betrachten. Die zunehmende Industrialisierung bedingt ständige Veränderungen im Wärmehaushalt und im chemischen Verhalten der Gewässer.

CIESLA wertete die Eisbeobachtungen von 5 Pegeln: Frankfurt/Oder, Wittenberge/Elbe, Kersdorf/Oder-Spree-Kanal und Brandenburg/Havel, mit Hilfe der Wahrscheinlichkeitsrechnung aus und fand, daß sich die Eiskenngrößen „Dauer der Eiserscheinungen" und „erste bzw. letzte Eiserscheinungen" gut in ein Wahrscheinlichkeitsnetz mit Gaußscher Normalverteilung bzw. Gaußverteilung der Logarithmen einordnen lassen.

Aufbauend auf die Arbeiten von CIESLA und HORVATH wurden für 3 Oderpegel sogenannte „Eiskalender" aufgestellt, wobei zu beachten war, daß erstens der Pegel für einen gewissen Flußabschnitt repräsentativ sein, zweitens eine möglichst lange, qualitativ hochwertige Beobachtungsreihe vorliegen und drittens auch die Wassertemperatur zu Vergleichszwecken vorhanden sein sollte. Leider sind diese Voraussetzungen bei dem veröffentlichten Beobachtungsmaterial nur bedingt erfüllt, so daß sich schließlich die Bearbeitung auf die folgenden Pegel beschränken mußte:

Fürstenberg/Eisenhüttenstadt (554,1 km),
Frankfurt (584,0 km),
Hohensaaten (664,9 km).

Ausgewertet wurden die Eisverhältnisse der Winter von 1900/1901 bis 1970/1971, außer 1944/1945, also insgesamt 70 Jahre. Das Grundlagenmaterial bildeten dabei die Angaben der Gewässerkundlichen Jahrbücher, ergänzt durch Originalunterlagen der Wasserwirtschaftsdirektion „Spree-Oder-Neiße" sowie graphische Darstellungen der Eisverhältnisse auf der Oder des Wasserstraßenamtes Eberswalde.

Die Eiskalender sind in Abb. 6, 7 und 8 wiedergegeben. Sie erlauben einen guten ersten Überblick über den Verlauf der Eisverhältnisse in den einzelnen Wintern und dienten als Grundlage für die weiteren Berechnungen. Die Abbildungen enthalten weiterhin Angaben über die Dauer der gesamten Eisperiode in Tagen, über die Anzahl der Tage mit Eisstand und über die mit Eistreiben (Treibeis und Eisabgang) einschließlich der entsprechenden Mittelwerte. Die wichtigsten Kenngrößen sind in der Tabelle 6 noch einmal zusammengestellt. Sie gestatten bereits die folgenden ersten Aussagen:

1. Das erste Treibeis kann schon in den ersten Novembertagen entstehen.
2. Die Bildung des ersten Eisstandes setzt in Hohensaaten früher ein als in den anderen betrachteten Profilen.
3. Spätestens bis 1. April ist das Eis wieder verschwunden.
4. Die Dauer der längsten Perioden mit Eis bzw. Eisstand ist im wesentlichen gleich.
5. Die mittlere Dauer der Perioden der gesamten Eiserscheinungen (Zeile g) lassen ein Gefälle stromaufwärts erkennen, d. h., in Hohensaaten dauert die gesamte Eisperiode im Mittel 8 Tage länger als in Frankfurt und 10 Tage länger als in Eisenhüttenstadt.
6. Aus der Spalte (j) ist zu entnehmen, daß in jedem Jahr mit einer Eisperiode zu rechnen ist.

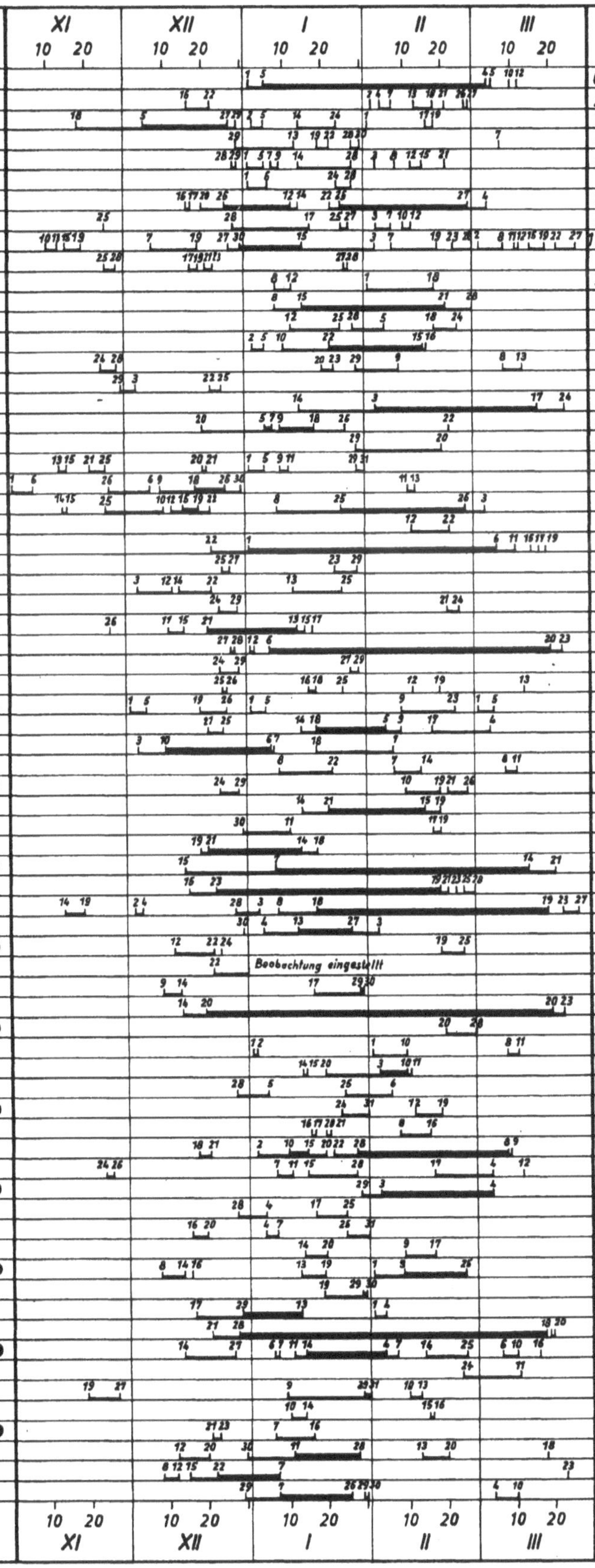

	1	2	3	4
1900 / 01		66	59	7
1901 / 02		21	0	21
1902 / 03		61	23	38
1903 / 04	●	24	0	24
1904 / 05		32	0	32
1905 / 06		11	0	11
1906 / 07		70	52	18
1907 / 08	●	33	0	33
1908 / 09		100	17	83
1909 / 10		12	0	12
1910 / 11		24	0	24
1911 / 12	●	52	38	14
1912 / 13		30	0	30
1913 / 14		42	25	17
1914 / 15		27	0	27
1915 / 16	●	9	0	9
1916 / 17		70	43	27
1917 / 18		39	13	26
1918 / 19		23	0	23
1919 / 20	●	21	0	21
1920 / 21		42	9	33
1921 / 22		85	38	47
1922 / 23		11	0	11
1923 / 24	●	84	66	18
1924 / 25		10	0	10
1925 / 26		32	0	32
1926 / 27		10	0	10
1927 / 28	●	33	24	9
1928 / 29		81	74	7
1929 / 30		9	0	9
1930 / 31		9	0	9
1931 / 32	●	38	0	38
1932 / 33		48	19	29
1933 / 34		57	28	29
1934 / 35		27	0	27
1935 / 36	●	22	0	22
1936 / 37		37	26	11
1937 / 38		16	0	16
1938 / 39		31	25	6
1939 / 40	●	98	68	30
1940 / 41		73	59	14
1941 / 42		92	61	31
1942 / 43		32	15	17
1943 / 44	●	19	0	19
1944 / 45		x	x	x
1945 / 46		20	1	19
1946 / 47		100	91	9
1947 / 48	●	9	0	9
1948 / 49		16	0	16
1949 / 50		25	8	17
1950 / 51		22	0	22
1951 / 52	●	16	0	16
1952 / 53		13	0	13
1953 / 54		70	46	24
1954 / 55		39	0	39
1955 / 56	●	36	31	5
1956 / 57		17	0	17
1957 / 58		16	0	16
1958 / 59		16	0	16
1959 / 60	●	38	16	22
1960 / 61		12	2	10
1961 / 62		32	16	16
1962 / 63		90	81	9
1963 / 64	●	62	22	40
1964 / 65		16	0	16
1965 / 66		36	2	34
1966 / 67		7	0	7
1967 / 68	●	13	0	13
1968 / 69		48	18	30
1969 / 70		30	17	13
1970 / 71		38	20	18
Mittelwerte		37	16	21

1 Schaltjahr ● 2 Dauer der Eisperiode 3 Dauer des Eisstandes 4 Dauer des Treibeises (Treiben u. Abgang)

Treibeis, Eisstand

Abb. 6. Eiserscheinungen am Pegel Fürstenberg/Eisenhüttenstadt in der Periode 1900/01—1970/71

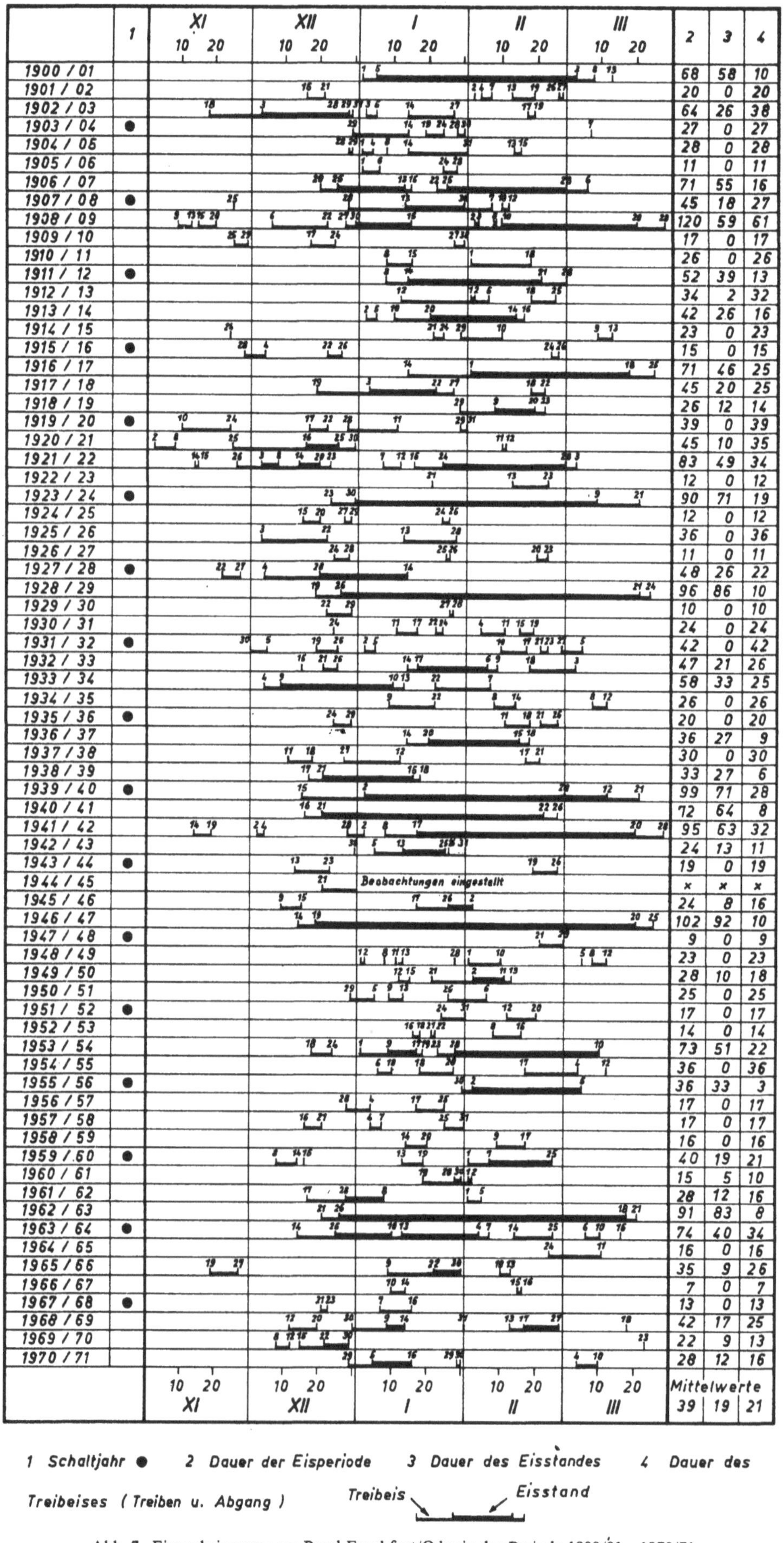

Abb. 7. Eiserscheinungen am Pegel Frankfurt/Oder in der Periode 1900/01—1970/71

	1	2	3	4
1900/01		68	58	10
1901/02		20	0	20
1902/03		64	26	38
1903/04	●	27	0	27
1904/05		28	0	28
1905/06		11	0	11
1906/07		71	55	16
1907/08	●	45	18	27
1908/09		120	59	61
1909/10		17	0	17
1910/11		26	0	26
1911/12	●	52	39	13
1912/13		34	2	32
1913/14		42	26	16
1914/15		23	0	23
1915/16	●	15	0	15
1916/17		71	46	25
1917/18		45	20	25
1918/19		26	12	14
1919/20	●	39	0	39
1920/21		45	10	35
1921/22		83	49	34
1922/23		12	0	12
1923/24	●	90	71	19
1924/25		12	0	12
1925/26		36	0	36
1926/27		11	0	11
1927/28	●	48	26	22
1928/29		96	86	10
1929/30		10	0	10
1930/31		24	0	24
1931/32	●	42	0	42
1932/33		47	21	26
1933/34		58	33	25
1934/35		26	0	26
1935/36	●	20	0	20
1936/37		36	27	9
1937/38		30	0	30
1938/39		33	27	6
1939/40	●	99	71	28
1940/41		72	64	8
1941/42		95	63	32
1942/43		24	13	11
1943/44	●	19	0	19
1944/45		x	x	x
1945/46		24	8	16
1946/47		102	92	10
1947/48	●	9	0	9
1948/49		23	0	23
1949/50		28	10	18
1950/51		25	0	25
1951/52	●	17	0	17
1952/53		14	0	14
1953/54		73	51	22
1954/55		36	0	36
1955/56	●	36	33	3
1956/57		17	0	17
1957/58		17	0	17
1958/59		16	0	16
1959/60	●	40	19	21
1960/61		15	5	10
1961/62		28	12	16
1962/63		91	83	8
1963/64	●	74	40	34
1964/65		16	0	16
1965/66		35	9	26
1966/67		7	0	7
1967/68	●	13	0	13
1968/69		42	17	25
1969/70		22	9	13
1970/71		28	12	16
Mittelwerte		39	19	21

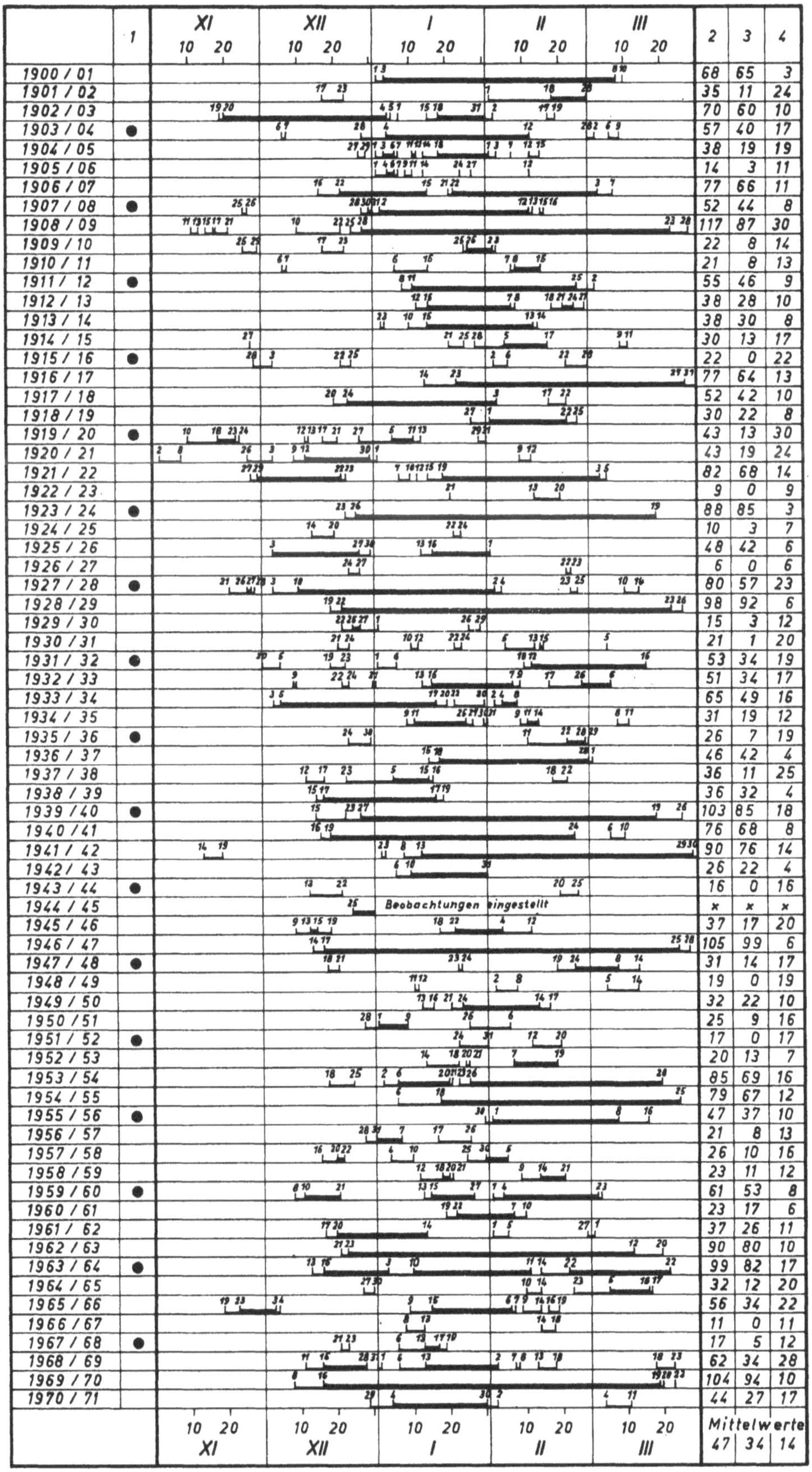

	1	2	3	4
1900 / 01		68	65	3
1901 / 02		35	11	24
1902 / 03		70	60	10
1903 / 04	●	57	40	17
1904 / 05		38	19	19
1905 / 06		14	3	11
1906 / 07		77	66	11
1907 / 08	●	52	44	8
1908 / 09		117	87	30
1909 / 10		22	8	14
1910 / 11		21	8	13
1911 / 12	●	55	46	9
1912 / 13		38	28	10
1913 / 14		38	30	8
1914 / 15		30	13	17
1915 / 16	●	22	0	22
1916 / 17		77	64	13
1917 / 18		52	42	10
1918 / 19		30	22	8
1919 / 20	●	43	13	30
1920 / 21		43	19	24
1921 / 22		82	68	14
1922 / 23		9	0	9
1923 / 24	●	88	85	3
1924 / 25		10	3	7
1925 / 26		48	42	6
1926 / 27		6	0	6
1927 / 28	●	80	57	23
1928 / 29		98	92	6
1929 / 30		15	3	12
1930 / 31		21	1	20
1931 / 32	●	53	34	19
1932 / 33		51	34	17
1933 / 34		65	49	16
1934 / 35		31	19	12
1935 / 36	●	26	7	19
1936 / 37		46	42	4
1937 / 38		36	11	25
1938 / 39		36	32	4
1939 / 40	●	103	85	18
1940 / 41		76	68	8
1941 / 42		90	76	14
1942 / 43		26	22	4
1943 / 44	●	16	0	16
1944 / 45		x	x	x
1945 / 46		37	17	20
1946 / 47		105	99	6
1947 / 48	●	31	14	17
1948 / 49		19	0	19
1949 / 50		32	22	10
1950 / 51		25	9	16
1951 / 52	●	17	0	17
1952 / 53		20	13	7
1953 / 54		85	69	16
1954 / 55		79	67	12
1955 / 56	●	47	37	10
1956 / 57		21	8	13
1957 / 58		26	10	16
1958 / 59		23	11	12
1959 / 60	●	61	53	8
1960 / 61		23	17	6
1961 / 62		37	26	11
1962 / 63		90	80	10
1963 / 64	●	99	82	17
1964 / 65		32	12	20
1965 / 66		56	34	22
1966 / 67		11	0	11
1967 / 68	●	17	5	12
1968 / 69		62	34	28
1969 / 70		104	94	10
1970 / 71		44	27	17
Mittelwerte		47	34	14

1 Schaltjahr ● 2 Dauer der Eisperiode 3 Dauer des Eisstandes 4 Dauer des Treibeises (Treiben u. Abgang) Treibeis Eisstand

Abb. 8. Eiserscheinungen am Pegel Hohensaaten in der Periode 1900/01—1970/71

Tabelle 6 Kenngrößen zur Charakterisierung der Eisverhältnisse der Oder

	Hohensaaten	Frankfurt	Eisenhüttenstadt
a) Frühester Termin des Eintritts von Eis	2. 11. (1920)	2. 11. (1920)	11. 11. (1908)
b) Frühester Termin des Eintritts von Eisstand	17. 11. (1908)	3. 12. (1902/21)	5. 12. (1902)
c) Spätester Termin des Eisaufbruchs	29. 3. (1942)	21. 3. (1929)	20. 3. (1929/47)
d) Spätester Termin des Eisabganges	30. 3. (1942)	28. 3. (1909/42)	27. 3. (1909/42)
e) Die den extremen Zeitpunkten entsprechende längstmögliche und tatsächlich beobachtete Periode der Eiserscheinungen insgesamt	149/117	147/120	147/100
f) Die den extremen Zeitpunkten entsprechende längstmögliche und tatsächlich beobachtete Periode des Eisstandes	133/94	109/99	106/91
g) Mittelwerte und Standardabweichung der Perioden mit Eiserscheinungen (insgesamt)	47 ± 28	39 ± 27	37 ± 26
h) Mittelwerte und Standardabweichung der Perioden mit Eisstand	34 ± 29	19 ± 25	16 ± 24
i) Mittelwerte und Standardabweichung der Perioden mit Eistreiben	14 ± 6	21 ± 10	21 ± 12
j) Prozentualer Anteil der Jahre, in denen Eis auftrat	100%	100%	100%
k) Prozentualer Anteil der Jahre, in denen eine Eisdecke entstand	90%	54,3%	50%
l) „Eisstandskennwert" $= \frac{\Sigma \text{ Tage mit Eisstand}}{\Sigma \text{ Tage mit Eis}} \cdot 100\%$	71%	48%	44%

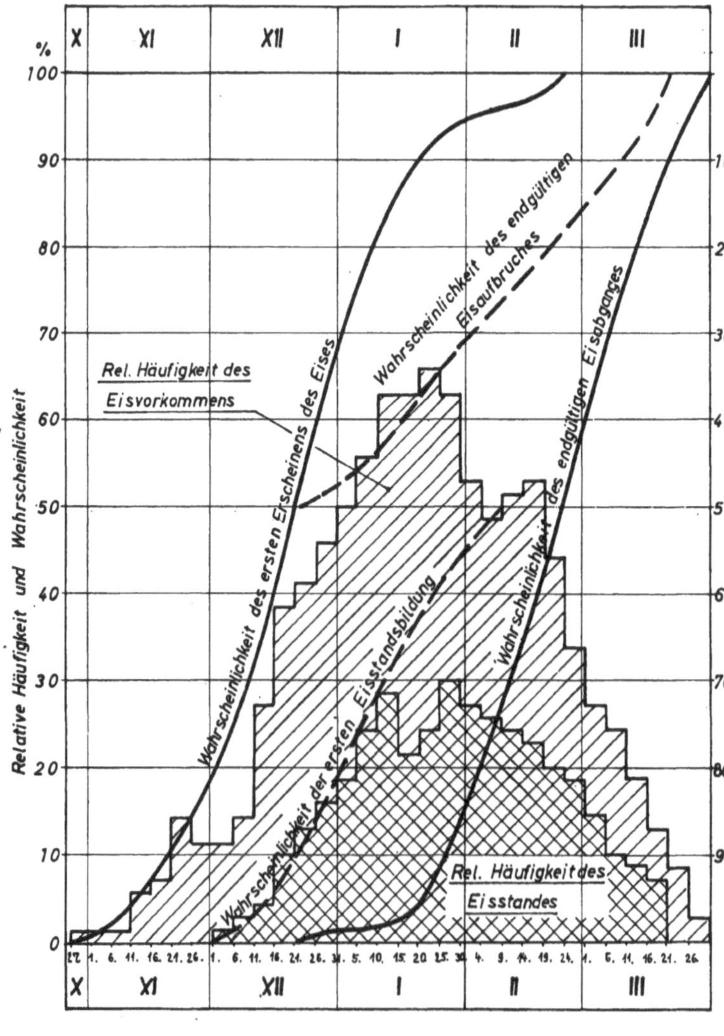

Abb. 9. Relative Häufigkeit und Wahrscheinlichkeit von Eiserscheinungen am Pegel Eisenhüttenstadt

7. Die Häufigkeit der Bildung einer Eisdecke beträgt in Hohensaaten 90%, während in Frankfurt und Eisenhüttenstadt nur in 54% bzw. 50% der Fälle mit der Bildung einer Eisdecke zu rechnen ist.
8. Der sogenannte „Eisstandskennwert" stellt das Verhältnis der Tage mit Eisstand zu den Tagen mit Eis (Tage mit Eisstand + Treibeis) dar und charakterisiert die morphologischen Bedingungen des Flußbettes bzw. „das Eisabführvermögen" der einzelnen Flußstrecken. Auch nach diesen Kennzahlen ist Hohensaaten bezüglich der Eisstandsbildung wesentlich gefährdeter als die Profile Frankfurt und Eisenhüttenstadt.

Ebenso nimmt die mittlere Dauer der Tage mit Eisstand stromabwärts zu. Sie ist mit 34 Tagen in Hohensaaten um 18 Tage länger als in Eisenhüttenstadt und um 15 Tage länger als in Frankfurt. Entsprechend nimmt die Zahl der Tage mit Treibeis stromaufwärts zu. In der Tabelle 7 sind die t-Werte zur Prüfung der Signifikanz der Unterschiede der Mittelwerte zwischen den Profilen mitgeteilt.

Bei $f = n_1 + n_2 - 2 = 70 + 70 - 2 = 138$ Freiheitsgraden sind die Differenzen zu Hohensaaten hoch gesichert. Nicht oder nur schwach gesichert sind die Differenzen zwischen Frankfurt und Eisenhüttenstadt. Hiermit deutet sich an, daß sich bei der Beurteilung der Eisverhältnisse die Profile Frankfurt und Eisenhüttenstadt ähnlich verhalten, was auch bei der Betrachtung der anderen Kennziffern zu erkennen ist.

Tabelle 7 Prüfung der Unterschiede in dem mittleren Andauern zwischen verschiedenen Eiserscheinungen und verschiedenen Pegeln mit dem t-Test

	Hohensaaten—Frankfurt	Hohensaaten—Eisenhüttenstadt	Frankfurt—Eisenhüttenstadt
	t	t	t
Daur der gesamten Eisperiode	9,96	13,12	3,02
Eisstandsperiode	19,02	22,82	3,45
Periode mit Eistreiben	27,97	24,91	0,40

Für die häufigkeitsstatistische Bearbeitung wurden die Pentadenhäufigkeiten für die folgenden Eiserscheinungen ermittelt:

a) Termin des ersten Eintritts von Eis in jedem Jahr,
b) Termin der ersten Eisstandsbildung,

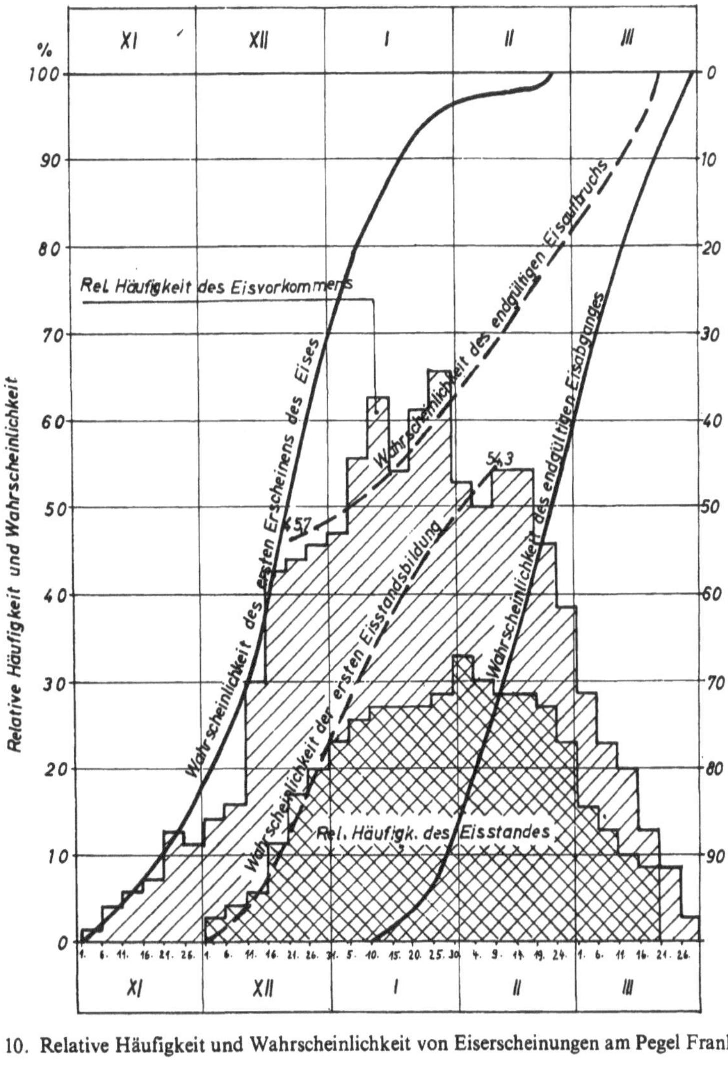

Abb. 10. Relative Häufigkeit und Wahrscheinlichkeit von Eiserscheinungen am Pegel Frankfurt

c) Termin des letzten Eisaufbruches,
d) Termin des endgültigen Eisabganges in jedem Jahr,
e) Vorhandensein von Eiserscheinungen und
f) Vorhandensein von Eisstand.

Diese Ergebnisse sind für die 3 Pegel in Abb. 9, 10 und 11 in Form von Häufigkeitsverteilungen und Summenhäufigkeitsverteilungen wiedergegeben. Daraus ist z. B. ersichtlich, daß im Profil Hohensaaten in der Pentade vom 2.—6. November mit einer relativen Häufigkeit von 1,4% und in der Pentade vom 1.—5. Januar mit einer relativen Häufigkeit von 48,6% mit Eistreiben zu rechnen ist, während in der letztgenannten Pentade Eisstand mit einer relativen Häufigkeit von 37,1% zu erwarten ist. Anhand der Summenprozentkurve ist z. B. abzulesen, daß im Profil Hohensaaten mit einer Wahrscheinlichkeit von 50% nicht vor dem 18. Dezember mit Eis zu rechnen ist, daß mit einer Wahrscheinlichkeit von 90% nach dem 24. März kein Eis mehr auftritt und daß die Wahrscheinlichkeit der Bildung von Eisstand vor dem 1. Dezember kleiner als 9% ist.

Zur Beurteilung der sich ergebenden Verteilungsfunktionen wurden für jede der Mittelwert und die Standardabweichung berechnet und mit dem χ^2-Test und der Nullhypothese, daß zwischen der empirischen und der Gaußschen Normalverteilung kein Unterschied besteht, getestet, ob die empirischen Verteilungsfunktionen normal verteilt sind. Die Ergebnisse zeigt Tabelle 8.
Durch den χ^2-Test zeigt sich, daß bei einer Irrtumswahrscheinlichkeit von 1% bei allen empirischen Verteilungsfunktionen die Nullhypothese nicht verworfen werden kann. Des weiteren läßt sich auch anhand dieser Tabelle wieder erkennen, daß die Mittelwerte der verschiedenen Eiserscheinungen zwischen den Profilen Frankfurt und Eisenhüttenstadt nicht voneinander abweichen. Im Mittel wird das erste Eis in Hohensaaten am 17. Dezember, also 2 Tage eher als in Frankfurt und Eisenhüttenstadt, beobachtet und falls Eisstand eintritt, geschieht dies im Mittel in Hohensaaten erstmals am 2. Januar, in Frankfurt am 4. und in Eisenhüttenstadt am 5. Januar. Der endgültige Eisaufbruch im Profil Hohensaaten erfolgt im Mittel am 15. Februar 5—6 Tage bzw. der endgültige Eisabgang am 25. Februar 5 Tage später als in Frankfurt und Eisenhüttenstadt.

Abschließend wurde mit dem χ^2-Test geprüft, inwieweit sich die empirischen Verteilungsfunktionen zwi-

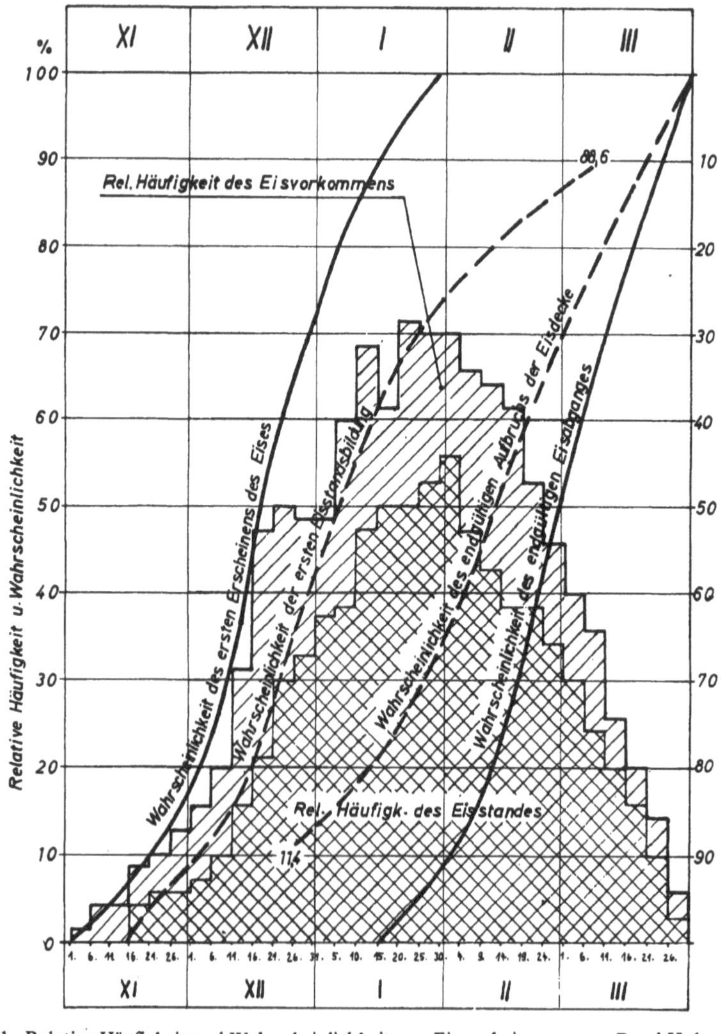

Abb. 11. Relative Häufigkeit und Wahrscheinlichkeit von Eiserscheinungen am Pegel Hohensaaten

schen den einzelnen Pegeln unterscheiden. Nach den Ergebnissen der Tabelle 9 kann in keinem Falle die Nullhypothese verworfen werden, die besagt, daß die beiden Verteilungsfunktionen einer gemeinsamen Grundgesamtheit entstammen. Bezogen auf die Verteilungsfunktionen der jährlichen Extremwerte der Eiserscheinungen bestehen zwischen den einzelnen Pegelprofilen keine signifikanten Unterschiede.

Tabelle 8 Einige statistische Maßzahlen zur Beurteilung der empirischen Verteilungsfunktionen für die verschiedenen Eiserscheinungen an den Pegeln (M = Mittelwert, s = Standardabweichung in Tagen, f = Freiheitsgrade, χ^2 = berechnete Prüfgröße, α = die aus dem berechneten χ^2 und den Freiheitsgraden gehörige Irrtumswahrscheinlichkeit in Prozenten)

		Hohensaaten	Frankfurt	Eisenhüttenstadt
a) Erstes Erscheinen des Treibeises	M	17. 12.	19. 12.	19. 12.
	s	±20,1	±22,8	±23,7
	f	9	10	10
	χ^2	8,18	7,90	8,09
	α	50 > α > 30	70 > α > 50	70 > α > 50
b) Erstes Auftreten des Eisstandes	M	02. 01.	04. 01.	05. 01.
	s	±25,7	±18,6	±17,2
	f	7	4	4
	χ^2	5,48	2,26	2,39
	α	70 > α > 50	70 > α > 50	70 > α > 50
c) Endgültiger Eisaufbruch	M	15. 02.	10. 02.	09. 02.
	s	±24,0	±26,1	±25,6
	f	7	5	5
	χ^2	7,60	2,50	3,8
	α	50 > α > 30	80 > α > 70	70 > α > 50
d) Endgültiger Eisabgang	M	25. 02.	20. 02.	20. 02.
	s	±18,2	±18,8	±21,0
	f	9	9	9
	χ^2	4,11	6,49	7,70
	α	>80	70 > α > 50	70 > α > 50

Tabelle 9 Ergebnisse des χ^2-Tests zur Prüfung der Unterschiede der empirischen Verteilungsfunktionen zwischen den einzelnen Pegelprofilen (f = Freiheitsgrade, α = Irrtumswahrscheinlichkeit in %)

		Hohensaaten Frankfurt	Hohensaaten Eisenhüttenstadt	Frankfurt Eisenhüttenstadt
a) Erstes Erscheinen des Treibeises	χ^2	3,7	6,9	1,5
	f	14	14	13
	α	>99	>90	>99
b) Erstes Auftreten des Eisstandes	χ^2	12,2	14,4	3,0
	f	12	13	9
	α	50 > α > 30	50 > α > 30	>90
c) Endgültiger Eisaufbruch	χ^2	14,1	16,4	5,7
	f	13	12	10
	α	50 > α > 30	20 > α > 10	90 > α > 80
d) Endgültiger Eisabgang	χ^2	11,4	11,5	3,9
	f	14	14	15
	α	>90	>90	> 99

5. Die Berechnung der Bildung von Treibeis

5.1. Ableitung der allgemeinen Vorhersagegleichung

Die Grundlage für die Ausarbeitung eines entsprechenden Verfahrens legte Schuljakovski (1960). Er konnte auf einen in der Sowjetunion seit Jahrzehnten bestehenden reichen Erfahrungsschatz bei der Berechnung der Eisbildung aufbauen und entwickelte praktisch zu handhabende Methoden für die Bestimmung der notwendigen Ausgangsgrößen und Konstanten. Über die in der Sowjetunion damit erzielten Erfolge berichteten Schuljakovski (1960, 1969), Efremova (1972), Schuljakovski u. a. (1969), Afanas'ew (1965). In der VR Polen berechnete Lityńska (1965, 1966) hiernach die Eisbildung auf stehenden Gewässern. Im folgenden werden das allgemeine Verfahren abgeleitet und im sich anschließenden speziellen Teil dann die bei der Übertragung der Methoden auf die Verhältnisse der Oder beschrittenen Lösungswege beschrieben.

An der Wasseroberfläche muß die Summe aller atmosphärischen Wärmeströme W gleich dem vertikalen Wärmestrom U zwischen der Wassermasse und der Wasseroberfläche sein.

$$U + W = 0. \tag{5.1}$$

Dabei soll es sich immer um sogenannte „spezifische" Wärmeströme, d. h. um Wärmeströme pro Zeit- und Oberflächeneinheit, handeln. Alle Wärmeströme zur Oberfläche erhalten ein positives und die von der Oberfläche weggerichteten ein negatives Vorzeichen.

Die maßgeblichen atmosphärischen Wärmeströme sind hierbei der Strahlungssaldo S, der latente oder Verdunstungswärmestrom V und der fühlbare Wärmestrom L.

$$W = S + L + V. \tag{5.2}$$

Der vertikale Wärmestrom durch eine turbulent bewegte Flüssigkeit beträgt

$$U = -s_w \cdot c \cdot k_z \frac{\partial t_w}{\partial z}. \tag{5.3}$$

Die Anwendung dieser Gleichung setzt die Kenntnis des vertikalen Temperaturgradienten und des Strömungsfeldes zur Bestimmung des Austauschkoeffizienten voraus. Deshalb wird sie in der Praxis meist durch die Gleichung der Wärmeübertragung an einer Wand ersetzt (vergleiche Gröber, Erk, Grigull, 1955).

$$U = \alpha \cdot (t_W - t_0). \tag{5.4}$$

Gleichung (5.4) in Gleichung (5.1) eingesetzt, ergibt

$$\alpha \cdot (t_W - t_0) + W = 0. \tag{5.5}$$

d. h., ändert sich W, ändert sich auch die Oberflächentemperatur und damit der Temperaturgradient, und die Gleichung (5.5) bleibt richtig. Mit anderen Worten gesagt, wenn durch die atmosphärischen Wärmeströme eine immer stärkere Abkühlung einsetzt, verringert sich vor allem auch die Oberflächentemperatur. Ist nun die Oberflächentemperatur bereits bis zum Gefrierpunkt abgesunken, so kann eine weitere Vergrößerung von W nicht mehr durch eine weitere Abnahme von t_0 und Zunahme des Temperaturgradienten kompensiert werden; es bildet sich Eis. Wird für diesen Moment $t_0 = 0$ gesetzt und werden die Glieder α, t_W und W mit dem Index n versehen, so folgt aus (5.5)

$$\alpha_n \cdot t_{W,n} = -W_n \tag{5.6}$$

oder als mathematische Formulierung für den Beginn der Eisbildung

$$t_{W,n} \leqq -\frac{W_n}{\alpha_n}. \tag{5.7}$$

Wenn also die Mitteltemperatur des Wassers über den Querschnitt und die Tiefe kleiner oder gleich

$$-\frac{W_n}{\alpha_n}$$

ist, beginnt die Eisbildung. Für eine Prognose der Eisbildung müssen demzufolge die Wärmeabgabe der Wasseroberfläche an die Atmosphäre, die Wärmeübergangszahl α und die Wassertemperatur bestimmt werden. Mit der Berechnung dieser Größen befassen sich die nächsten Abschnitte.

5.2. Berechnung der atmosphärischen Wärmeströme

Strahlungssaldo in der Wasseroberfläche

Der Strahlungssaldo an der Wasseroberfläche setzt sich zusammen aus dem kurzwelligen Strahlungsanteil (Globalstrahlung minus Reflexstrahlung) und dem langwelligen Strahlungsanteil, der sogenannten effektiven Ausstrahlung (atmosphärische Gegenstrahlung minus Ausstrahlung).

$$S = Q(1 - r) + (G - A). \tag{5.8}$$

Kurzwelliger Strahlungsanteil

Zur Berechnung der Globalstrahlung machte sich eine gesonderte Untersuchung erforderlich, worüber bereits an anderer Stelle berichtet wurde (v. Schönermark, Wuchold, Freydank 1973). Im Ergebnis dessen erweist es sich als zweckmäßig, die Tagessummen der Globalstrahlung in den Wintermonaten nach folgender Beziehung zu berechnen:

$$Q = Q_R\left(0{,}170 + 0{,}543 \cdot \sqrt{\frac{S}{S_{\max}}}\right). \tag{5.9}$$

Die „Idealwerte" der Globalstrahlung, das ist die Globalstrahlung einer reinen, wasserdampffreien Atmosphäre, der sogenannten „Rayleigh-Atmosphäre", sind dabei den Tabellen von Collmann (1953/54) zu entnehmen.

Zur Schaffung geeigneter Arbeitsunterlagen sind diese Tabellen auf Tageswerte und für den Bereich von 50° bis 55° nördlicher Breite in 1/2-Gradstufen umgerechnet worden.

Gleiche Tabellen wurden für die maximal mögliche Sonnenscheindauer erarbeitet.

Die Ermittlung der kurzwelligen Reflexstrahlung erfolgt mit Hilfe des kurzwelligen Reflexionsvermögens (Albedo). Für mittlere geographische Breiten hat beispielsweise DIRMHIRN (1953) die Albedo in Abhängigkeit von der Jahreszeit und der Bewölkung dargestellt. Auch bei KIRILLOWA (1970) finden sich solche Tabellen. Da diese zusätzlich die Abhängigkeit von der geographischen Breite beachten und sich außerdem auf ein wesentlich größeres Beobachtungsmaterial stützen, werden die bei KIRILLOWA angegebenen Tabellen verwendet. Für eine maschinelle Berechnung wurde die Abhängigkeit der Albedo vom Bedeckungsgrad (in Teilen von 1) für die einzelnen Monate in Form einer Potenzfunktion dargestellt:

November: $= 0{,}07 + 0{,}1250\,(1 - B)^{0{,}5000}$, (5.10a)
Dezember: $= 0{,}07 + 0{,}1655\,(1 - B)^{0{,}3871}$, (5.10b)
Januar: $= 0{,}07 + 0{,}1378\,(1 - B)^{0{,}5000}$, (5.10c)
Februar: $= 0{,}07 + 0{,}0889\,(1 - B)^{0{,}5000}$. (5.10d)

Effektive Ausstrahlung

Die Berechnung der langwelligen Ausstrahlung erfolgte mit Hilfe des bekannten Stefan-Boltzmannschen Gesetzes

$$A = 0{,}95 \cdot \sigma\,(273{,}2^\circ + t_0)^4, \qquad (5.11)$$

wobei der Faktor 0,95 das Gesamt-Emissionsvermögen des Wassers darstellt.

Zur Ermittlung der Gegenstrahlung diente die von BOLZ und FALCKENBERG (1949) mit dem Korrekturglied von BOLZ und FRITZ (1950) angegebene Beziehung

$$G = 0{,}95 \cdot \sigma \cdot (273{,}2^\circ + t_L)^4 \cdot (0{,}820 - 0{,}250 \cdot 10^{-0{,}0945 \cdot e_2}) \cdot (1 + 0{,}22 \cdot B^{2{,}5}). \qquad (5.12)$$

Latenter und fühlbarer Wärmestrom

Die Ermittlung des latenten Wärmestromes aus meteorologischen Standardmessungen erweist sich in der Praxis immer wieder als ein schwieriges Problem. Es existieren eine große Zahl von empirischen Beziehungen zu seiner Berechnung. In Abb. 12 sind die in der Sowjetunion häufig gebrauchten Formeln von SAJKOV (1949), BRASLAVSKIJ und VILKULINA (1954), die von RICHTER (1969) für den Stechlinsee und die von FREYDANK (1971) für die Talsperren Spremberg und Pöhl gefundenen, graphisch dargestellt.

In der Praxis durchgesetzt haben sich bisher Berechnungsformeln vom sogenannten „Dalton-Typ", welche von der Proportionalität zwischen der Verdunstung und dem Dampfdruckgradienten ausgehen und den Einfluß des Windes durch eine lineare oder Potenzfunktion berücksichtigen

$$V = f(v_z) \cdot \Delta e.$$

Da es sich in jedem Falle um empirische Beziehungen handelt, die noch dazu meistens für die Sommermonate abgeleitet wurden, bleibt eine Übertragung auf andere Gebiete, Gewässer und Zeiträume immer problematisch. Für höhere Dampfdruckgradienten ergeben insbesondere die Beziehungen von BRASLAVSKIJ/VILKULINA, SAIKOV und die für die Talsperre Pöhl gefundene Formel relativ

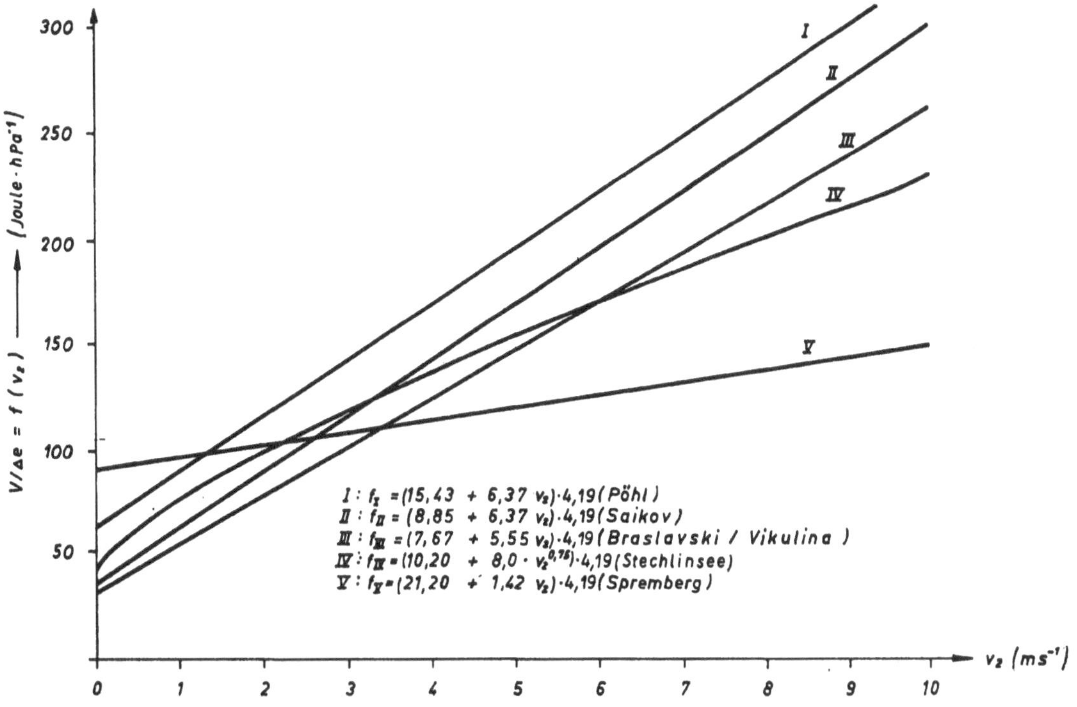

Abb. 12. Darstellung verschiedener Windgeschwindigkeitsfunktionen zur Berechnung der Verdunstung

hohe Verdunstungswerte, während durch die von RICHTER angegebene exponentielle Abhängigkeit dieser Umstand nicht so stark zum Tragen kommt. Auf Grund der vorliegenden Erfahrungen wird deshalb die zuletzt zitierte Formel verwendet

$$V = (10{,}2 + 8{,}0 \cdot v_2^{0,75}) \cdot (e_0 - e_2) \cdot 4{,}19. \quad (5.13)$$

Der Dampfdruck an der Wasseroberfläche wird dabei gleich dem Sättigungsdampfdruck bei Wasseroberflächentemperatur gesetzt und mit Hilfe der sogenannten „Magnusschen Formel" aus der Wasseroberflächentemperatur berechnet,

$$e_0 = 6{,}10 \cdot 10^{\frac{7{,}45 \cdot t_0}{235 + t_0}}, \quad (\text{hPa}), \quad (5.14)$$

oder aus den gebräuchlichen Tafelwerken entnommen.

Schwierig ist auch die Ermittlung der Windgeschwindigkeit in 2 m Höhe. Bis zum Jahre 1967 erfolgte in den meteorologischen Tabellen die Angabe der Windstärke in Beaufort-Graden, wobei die berechneten Tagesmittelwerte aus den zu den Beobachtungsterminen geschätzten Windstärkewerten oder von einem in einer Höhe von ungefähr 10 m aufgestellten Windmeßgerät entstammen. Die Umrechnung der Windstärkedaten in Windgeschwindigkeitswerte (ms^{-1}) erfolgte für die entsprechenden Jahre mit Hilfe der im Meteorologischen Dienst gebräuchlichen Umrechnungstafel von VILKNER (1953). Die dort angegebene Wertetafel wurde rechnerisch durch die Beziehung

$$v_{10} = (0{,}872 - w^{1,48}) \quad (\text{ms}^{-1}) \quad (5.15)$$

angeglichen. Die Windgeschwindigkeit in 2 m Höhe ergibt sich dann unter Annahme eines logarithmischen Windprofils angenähert zu

$$v_2 = 0{,}8 \cdot v_{10}. \quad (5.16)$$

Gleiche Schwierigkeiten wie bei der Bestimmung des Verdunstungswärmestromes treten bei der rechnerischen Ermittlung des Stromes fühlbarer Wärme auf. Im allgemeinen wird diese Schwierigkeit bei Kenntnis des latenten Wärmestromes mit Hilfe des Bowen-Verhältnisses umgangen. Danach ist bei Angabe des Dampfdruckes in hPa

$$\frac{L}{V} = 0{,}66 \cdot \frac{\Delta t}{\Delta e}.$$

Wird für V die Beziehung (5.13) eingesetzt, ergibt sich daraus für den fühlbaren Wärmestrom

$$L = (6{,}7 + 5{,}3 \cdot v_2^{0,75}) \cdot (t_0 - t_2) \cdot 4{,}19. \quad (5.17)$$

Ein vereinfachtes Verfahren zur Berechnung der atmosphärischen Wärmeströme

Die atmosphärischen Wärmeströme W lassen sich nach SCHULJAKOVSKI (1960) in zwei Terme zerlegen

$$W = Q(1 - r) + E + L + V, \quad (5.2\text{a})$$

$$W = -k(t_0 - t_L) + \text{d}. \quad (5.18)$$

Zum Moment der Eisbildung wird dann wieder W zu W_n, und wegen $t_0 = 0$ folgt

$$W_n = -k \cdot t_L + d. \quad (5.18\text{a})$$

Im ersten Glied von Gleichung (5.18) ist derjenige Teil des latenten und fühlbaren Wärmestromes sowie der effektiven Ausstrahlung enthalten, welcher proportional der Temperaturdifferenz $(t_0 - t_L)$ gesetzt werden kann. Da jedoch auch Verdunstung (V') und effektive Ausstrahlung (E') stattfinden, wenn die Wasseroberflächen- und Lufttemperatur gleich sind, muß noch ein Zusatzglied d hinzugefügt werden, welches den spezifischen Wärmestrom bei Gleichheit von Luft- und Wasseroberflächentemperatur ausdrückt

$$d = Q(1 - r) + V' + E'. \quad (5.19)$$

Die Gleichung (5.18), nach k aufgelöst, liefert die Definitionsgleichung für den Wärmeübergangskoeffizienten,

$$k = -\frac{W - d}{t_0 - t_L}, \quad (5.20)$$

und unter Berücksichtigung von (5.2a) und (5.19) wird

$$k = -\frac{(V - V') + L + (E - E')}{t_0 - t_L}, \quad (5.21)$$

d. h., eine Funktion von t_0, t_L, e_2, v_2, und B. SCHULJAKOVSKI zeigt, daß k hauptsächlich mit der Windgeschwindigkeit schwankt, während der Temperatureinfluß gering ist. Entsprechende Tabellen für die Ermittlung von k sind in seinen Arbeiten mitgeteilt. Mit Hilfe des vorhandenen Beobachtungsmaterials der Jahre 1950 bis 1970 wird nach der Definitionsgleichung (5.20) der Wärmeaustauschkoeffizient k neu berechnet. Dabei werden die täglichen Wassertemperaturmessungen an den Pegeln den nachfolgend genannten meteorologischen Stationen zugeordnet (in Klammern stehen die bearbeiteten Jahre):

Pegel	— meteorologische Station
Eisenhüttenstadt	— Cottbus (1951—1970)
Frankfurt	— Frankfurt (1951—1968)
Hohensaaten	— Angermünde (1959—1970).

Da der Zeitraum vor der Eisbildung in diesem Zusammenhang besonders interessiert, erfolgt die Berechnung der k-Werte immer für 5 Tage vor jedem Beginn des Treibeises. Zur Bestimmung der Größen L, V und E dienen die Gleichungen (5.13), (5.17), (5.11) und (5.12). Um die Abhängigkeit des Wärmeaustauschkoeffizienten k von der Windgeschwindigkeit und der Lufttemperatur zu beurteilen, wird eine Regressionsanalyse durchgeführt, wobei für die einzelnen Elemente von Klassenmitteln ausgegangen wird. Dabei ergeben sich erstens keine signifikanten Unterschiede zwischen den einzelnen Stationen, und zweitens kann eine Abhängigkeit von der Lufttemperatur nicht nachgewiesen werden. Die Abhängigkeit von der Windgeschwindigkeit ist jedoch hoch gesichert. Die gemeinsame Regressionsgleichung lautet

$$k = (23{,}40 + 5{,}43 \cdot v_2) \cdot 4{,}19\,. \qquad (5.22)$$

Die mittlere quadratische Abweichung zwischen den nach Gleichung (5.21) und (5.22) berechneten Werten

$$\left(\sqrt{\frac{k_1 - k_2}{n - 2}}\right)$$

beträgt $s = \pm 13{,}1$ (Joule $\mathrm{cm}^{-2}\mathrm{d}^{-1}\mathrm{grd}^{-1}$), eine, wie sich später zeigen wird, befriedigende Genauigkeit.

Zur Ermittlung der atmosphärischen Wärmeströme W ist noch die Kenntnis der Größe d Voraussetzung, die den spezifischen Wärmestrom bei Gleichheit von Luft- und Wasseroberflächentemperatur darstellt. Seine Berechnung erfolgt mit Hilfe der Gleichungen (5.9), (5.11), (5.12) und (5.13), wobei in die Gleichung (5.11) zur Bestimmung der effektiven Ausstrahlung E' und in die Gleichung (5.13) zur Bestimmung der Verdunstung V' das Tagesmittel der Lufttemperatur eingeht, die Verdunstung also mit dem Sättigungsdefizit berechnet wird.

SCHULJAKOVSKI entwickelte Tabellen für das Gebiet der Sowjetunion, aus denen in Abhängigkeit von der geographischen Breite für den Zeitraum vom 15. 9. bis 25. 11. die Größe d abgelesen werden kann. Ein Vergleich der für die Jahre 1950—1970 nach Gleichung (5.19) berechneten Werte (wieder jeweils nur 5 Tage vor jeder Eisbildung) zeigt jedoch, daß eine solch einfache Darstellung für die klimatischen Verhältnisse der DDR offenbar nicht möglich ist. Es wird daraufhin mit Hilfe der Regressionsanalyse geprüft, ob einfache lineare Beziehungen zwischen dem spezifischen Wärmestrom bei Gleichheit von Luft- und Wasseroberflächentemperatur d und den meteorologischen Elementen Lufttemperatur, Dampfdruck und Windgeschwindigkeit existieren. Zur Bearbeitung gelangen dabei die Meßdaten der Stationen Frankfurt und Angermünde der Jahre 1950—1970, wobei immer 5 Tage vor dem Beginn der ersten Treibeisperiode, also jeweils $n = 112$ Tage ausgewählt werden. Die durchgeführte 3fach-Regressionsanalyse für Frankfurt/Oder ergibt die nachfolgend zusammengestellten Ergebnisse:

$y = d$	$x_1 = t_L$	$x_2 = e_2$	$x_3 = v_2$
	$b_1 = 6{,}35$	$b_2 = 84{,}3$	$b_3 = -13{,}4$
$F = 18{,}85$	$t_{b1} = 0{,}797$	$t_{b2} = 3{,}541$	$t_{b3} = 1{,}942$
$r = 0{,}586$	$r_1 = 0{,}497$	$r_2 = 0{,}562$	$r_3 = 0{,}006$
$s_{yx} = 118$	$B_{11} = 0{,}871$	$B_{12} = 0{,}871$	$B_{13} = 0{,}083$
	$r_{p1} = 0{,}077$	$r_{p2} = 0{,}323$	$r_{p3} = 0{,}184$

Die Verminderung der Gesamtvarianz durch die Regression ist statistisch gesichert, obwohl die Streuung um die Regressionsfunktion mit 118 Joule $\mathrm{cm}^{-2}\mathrm{d}^{-1}$ noch relativ groß ist. Den größten Einfluß auf den Regressor d übt der Dampfdruck aus, während der Einfluß der Lufttemperatur infolge der großen inneren Bestimmtheit zwischen der Lufttemperatur und dem Dampfdruck nicht nachweisbar ist.

Aus einer einfachen linearen Regression zwischen dem spezifischen Wärmestrom (d) bei Gleichheit von Luft- und Wassertemperatur und dem Dampfdruck bzw. der Lufttemperatur ergibt sich nun:

$$d = -585 + 61{,}7\,e_2\,;\; r = 0{,}561,\; s_{yx} = 119,\; t_b = 7{,}11\,,$$

$$d = -260 + 18{,}2\,t_L\,;\; r = 0{,}497,\; s_{yx} = 125,\; t_b = 6{,}01\,.$$

Das heißt, die Gesamtkorrelation der 3fach-Regression ist nicht signifikant enger, bzw. die Streuungen um die Regressionsfunktion werden nicht signifikant geringer als bei der einfachen Regression. Werden außer den Werten der meteorologischen Station Frankfurt auch diejenigen der Station Angermünde mit in die Berechnungen einbezogen, ergeben sich die folgenden Regressionsbeziehungen:

$$d = -655 + 77 \cdot e_2\,; \qquad (5.23\mathrm{a})$$

$$r = 0{,}577,\; s_{yx} = 145,\; t_b = 10{,}52\,;$$

$$d = -246 + 23{,}0 \cdot t_L\,; \qquad (5.23\mathrm{b})$$

$$r = 0{,}512,\; s_{yx} = 153,\; t_b = 8{,}88\,.$$

Zusammenfassend kann hierzu festgestellt werden, daß es im Sinne der Genauigkeitsbetrachtungen günstiger ist, zur Ermittlung von d die Gleichungen (5.9), (5.11), (5.12) und (5.13) zu benutzen. Soll d jedoch vorausberechnet werden, empfiehlt es sich, die Gleichung (5.23b) zu verwenden, für die nur die Prognose der Lufttemperatur Voraussetzung ist. Damit sind die Bedingungen zur vereinfachten Ermittlung der atmosphärischen Wärmeströme mit Hilfe von Gleichung (5.18) gegeben.

5.3. Berechnung der Wassertemperatur

Ein Volumen $V(\tau)$ mit der Masse $\int_{V(\tau)} \varrho\, \mathrm{d}V$ und der Oberfläche F enthält die Wärmemenge $\int_{V(\tau)} c \cdot \varrho \cdot t\, \mathrm{d}V$. Dann ist

$$\frac{\mathrm{d}}{\mathrm{d}\tau} \int_{V(\tau)} c \cdot \varrho \cdot t \cdot \mathrm{d}V = - \int_F s\, \mathrm{d}f = + \int_F c \cdot \varrho \cdot (A \nabla t)\, \mathrm{d}f\,, \qquad (5.24)$$

das heißt, die zeitliche Änderung der Wärmemenge im Gebiet ist bei Abwesenheit von Quellen gleich dem durch die Oberfläche tretenden Wärmestrom s [$n\mathrm{d}f = \mathrm{d}\boldsymbol{f}$, $s = -c \cdot \varrho\, (A \nabla t)$, n = äußere Normale]. Weiterhin gilt offenbar:

$$c \cdot \varrho \int_{V(\tau)} \frac{\mathrm{d}}{\mathrm{d}\tau} \cdot \mathrm{d}V = c \int_F s\, \mathrm{d}f \qquad (5.25)$$

und nach Anwendung des Gaußschen Integralsatzes

$$c \cdot \varrho \int_{V(\tau)} \frac{\mathrm{d}t}{\mathrm{d}\tau} \cdot \mathrm{d}V = - \int_{V(\tau)} \nabla\, s\, \mathrm{d}V\,. \qquad (5.26)$$

Diese Beziehung gilt für alle Volumenelemente, d. h., sie muß auch für die Integranden gelten.

$$c \cdot \varrho \frac{\mathrm{d}t}{\mathrm{d}\tau} = -\nabla s\,. \qquad (5.27)$$

Für inkompressible Flüssigkeiten folgt daraus mit Hilfe der Eulerschen Zerlegung:

$$c \cdot \left(\frac{\partial t}{\partial \tau} + \boldsymbol{u} \nabla t\right) = - \nabla s = \nabla (c \cdot \varrho A \nabla t)$$

und nach Umformung

$$\frac{\partial t}{\partial \tau} = \nabla (A \nabla t) - \boldsymbol{u} \nabla t = \nabla [(A \nabla t) - \boldsymbol{u} \cdot t] \qquad (5.28)$$

bzw.

$$\frac{\partial t}{\partial \tau} = \operatorname{div}(A \operatorname{grad} t) - \boldsymbol{u} \operatorname{grad} t. \qquad (5.29)$$

Die lokale zeitliche Temperaturänderung wird also in Form einer inhomogenen partiellen Differentialgleichung zweiten Grades dargestellt. Eine Lösung dieser Differentialgleichung wird von BARG (1966) gegeben. Er greift dabei auf ein von FORTAK (1957) entwickeltes Verfahren zurück, indem das inhomogene Problem für die Temperaturverteilung mit Hilfe der Greenschen Funktionen auf ein homogenes Problem für die Greenschen Funktionen zurückgeführt wird. Die Randbedingungen leiten sich aus der Wärmebilanz des Körpers mit der Umgebung ab, wobei sämtliche Wärmeaustauschvorgänge in der Newtonschen Form geschrieben, also alle proportional der Temperaturdifferenz Oberfläche — umgebendes Medium — gebracht werden. Nach BARG ist die gewonnene Lösung einer einfachen Diskussion nicht zugänglich, und er diskutiert daraufhin einige Spezialfälle.

Für die Lösung der vorliegenden Aufgabe, nämlich der baldigen Entwicklung eines praxisreifen Verfahrens zur Berechnung der Treibeisbildung (über die Berechnung der Wassertemperatur) werden deshalb andere Wege beschritten. Ausschlaggebend sind hierfür im wesentlichen zwei Gründe:

1. Die Anforderungen an das Ausgangsmaterial sind sehr hoch und können, da keine speziellen Messungen vorliegen bzw. durchgeführt werden können, nicht erfüllt werden.
2. Das Problem soll im späteren Routinebetrieb auf einem Kleinrechner gelöst werden, dessen Leistungsfähigkeit damit überfordert wäre.

Ausgangspunkt für die verwendeten zwei Modellkonzepte ist die Gleichung (5.27). Wenn wieder zu den Wärmeströmen pro Zeit- und Oberflächeneinheit übergegangen wird, lautet sie:

$$h \cdot c \cdot \varrho \frac{\mathrm{d}t_W}{\mathrm{d}\tau} = W + q. \qquad (5.30)$$

Die Gleichung besagt, daß die Wärmeinhaltsänderung eines Gewässers durch die zeitliche Änderung der Mitteltemperatur charakterisiert wird und beim Fehlen von Wärmequellen und Advektion gleich der Summe der an der Gewässeroberfläche ein- und ausgehenden Wärmeströme, also der atmosphärischen Wärmeströme W und der durch das Flußbett ein- und ausgehenden Wärmeströme q, ist.

5.3.1. Die Berechnung der Wassertemperatur nach ECKEL und REUTER

Da die Komponenten der Wärmebilanz in unterschiedlicher Weise von der Wassertemperatur abhängen, ist eine geschlossene Integration der Differentialgleichung (5.30) in der vorliegenden Form nicht möglich. Eine näherungsweise Lösung wird durch den Übergang zum Differenzenquotienten erreicht, wie ihn eine Reihe von Autoren durchführten: DEVIK (1932), PROSKURJAKOV und BIBIKOV (1935), RYMŠA (1956), ECKEL und REUTER (1950).

$$\frac{\Delta t_W}{\Delta \tau} = \frac{1}{h \cdot c \cdot \varrho} \cdot (W + q). \qquad (5.31)$$

Während der Zeit $\Delta\tau$ müssen dabei die Wärmebilanzkomponenten als konstant angenommen werden. ECKEL und REUTER vernachlässigen die durch das Flußbett gehenden Wärmeströme und stellen entsprechend den meteorologischen Bedingungen die Wärmebilanz W

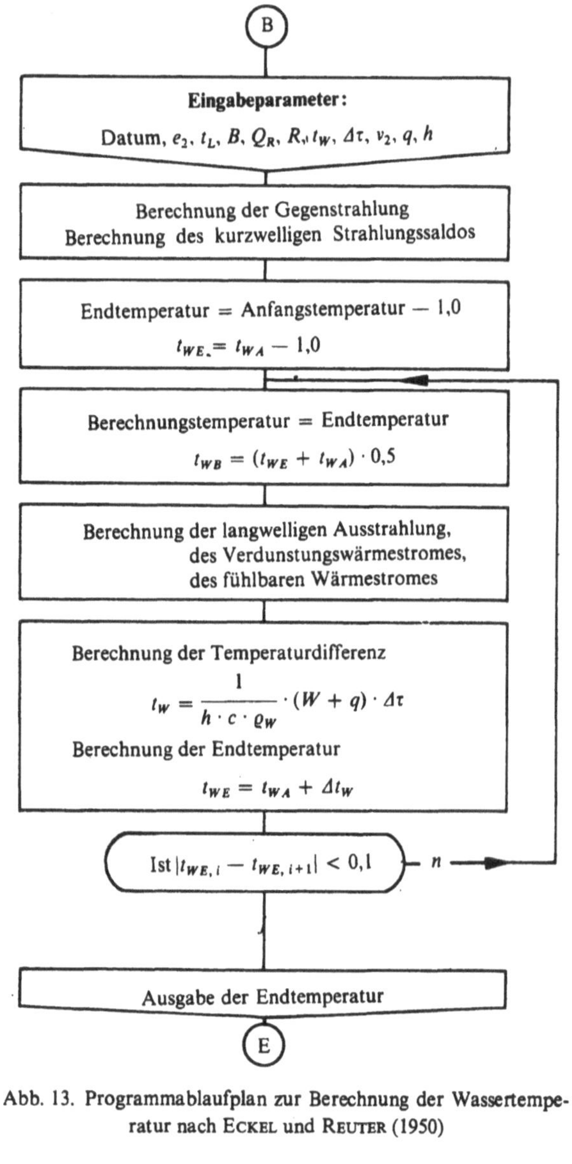

Abb. 13. Programmablaufplan zur Berechnung der Wassertemperatur nach ECKEL und REUTER (1950)

für einzelne Zeitabschnitte graphisch als Funktion der Wassertemperatur dar.

$$\Delta t_W = \frac{1}{h \cdot c \cdot \varrho} \cdot f(t_W) \cdot \Delta\tau. \qquad (5.32)$$

Aus diesen Kurven ergibt sich bei einer bestimmten Anfangstemperatur ein Δt_W und damit eine vorläufige Endtemperatur. Durch graphische Iteration kann so diejenige Endtemperatur ermittelt werden, welche bei einer vorgegebenen Genauigkeitsgrenze die Gleichung (5.32) befriedigt. Zusätzliche Wärmequellen, meteorologischer oder technischer Art, können in Gleichung (5.31) oder (5.32) bei zeitlicher Konstanz additiv entsprechend der Stärke der Quelle erfaßt werden. Das Ergebnis ist eine Berechnung des zeitlichen Verlaufs der Temperatur eines individuell unveränderlichen Wasserkörpers, auf den die atmosphärischen Wärmeströme wirken. Wird die Unveränderlichkeit auch während des Weges des Wasserkörpers im Flußbett vorausgesetzt, so kann bei bekannter Fließzeit die Wassertemperatur als Funktion des Ortes dargestellt werden. Infolge der großen Datenmengen erfolgt im vorliegenden Falle die Berechnung der Wassertemperatur, ähnlich wie bei FLINSPACH und FLEIG (1972) durch numerische Iteration. Den Programmablaufplan für das Unterprogramm zeigt Abb. 13.

5.3.2. Berechnung der Wassertemperatur nach SCHULJAKOVSKI

Ausgangspunkt ist wieder Gleichung (5.30)

$$h \cdot c \cdot \varrho \cdot \frac{dt_W}{d\tau} = W \pm q.$$

Die Beziehung (5.18) in obige Gleichung eingesetzt ergibt

$$h \cdot c \cdot \varrho \cdot \frac{dt_W}{d\tau} = -k(t_0 - t_2) + d + q.$$

Mit Hilfe der Beziehungen (5.5) und (5.18) gelingt es, t_0 zu ersetzen:

$$t_0 = \frac{t_W + kt_L + d}{\alpha + k}.$$

Oben eingesetzt folgt daraus

$$h \cdot c \cdot \varrho \cdot \frac{dt_W}{d\tau} = -k\left(\frac{t_W + kt_L + d}{\alpha + k} - t_L\right) + d + q$$

und nach Umformung

$$\frac{dt_W}{d\tau} = -\frac{\alpha \cdot k}{(\alpha + k)\, hc\varrho} \cdot t_W + \frac{\alpha k t_L + \alpha \cdot d + (\alpha + k)\, q}{(\alpha + k) \cdot hc\varrho},$$

also eine lineare inhomogene Differentialgleichung 1. Ordnung. Die Lösung dieser Differentialgleichung gibt die mittlere Wassertemperatur $t_{W,\tau}$ nach einer bestimmten Zeit τ bei Kenntnis der mittleren Anfangstemperatur $t_{W,A}$ zum Zeitpunkt $\tau = 0$ an.

$$t_{W,\tau} = t_{W,A} \cdot e^{-a_0} + \left(t_L + \frac{d}{k} + \frac{\alpha + k}{\alpha \cdot k} \cdot q\right) \cdot (1 - e^{-a_0}) \qquad (5.33)$$

mit

$$a_0 = \frac{\alpha \cdot k \cdot \tau}{(\alpha + k) hc\varrho}.$$

Bei der Integration wird vorausgesetzt, daß sämtliche anderen Größen zeitlich konstant sind. Die Gleichung liefert also die Wassertemperatur für einen solchen Zeitraum, in dem für t_L, d, α, k, q und h zeitliche Mittelwerte angesetzt werden können (5.33).

Wird als Integrationszeit die Fließzeit, beispielsweise zwischen den Pegeln Eisenhüttenstadt und der Wartamündung, eingesetzt, ergibt sich als Endtemperatur $t_{W,E}$ diejenige Wassertemperatur, auf die sich der Wasserkörper vom Profil Eisenhüttenstadt mit der Anfangstemperatur $t_{W,A}$ entsprechend den Abkühlungsbedingungen (ausgedrückt durch t_L, d, α, k, h) bis zur Wartamündung während der Fließzeit τ abgekühlt hat. Diese Temperatur kann dann wieder als Ausgangstemperatur angesetzt werden und mit obiger Formel beispielsweise die Wassertemperatur am Pegel Hohensaaten nach der Fließzeit $\tau_{WM,HS}$ ermittelt werden.

5.4. Die Bestimmung der Wärmeübergangszahl α

Die Anwendung der Gleichung (5.7) zur Berechnung der Eisbildung erfordert auch die Kenntnis des Wärmeübergangskoeffizienten von der Wassermasse zur Grenzfläche Wasser — Luft. Mit Hilfe der Dimensionsanalyse findet SCHULJAKOVSKI (1959), daß α von dem Quotienten aus Wind- und Strömungsgeschwindigkeit abhängig ist.

$$\frac{\alpha}{uc\varrho} = f\left(\frac{v}{u}\right)$$

Die genaue Form dieser Abhängigkeit muß empirisch bestimmt werden. Dies gelingt mit Hilfe der Gleichung (5.6), die, nach α aufgelöst, eine Bestimmung von α im Moment der Eisbildung gestattet.

$$\alpha_n = -\frac{W_n}{t_{W,n}}.$$

Aus dem Beobachtungsmaterial der Wolga, der Oka und der Mologa erhält SCHULJAKOVSKI die folgende lineare Beziehung:

$$\alpha = 4{,}19 \cdot (1745 \cdot u + 106 \cdot v_2) c\varrho$$

$$(\text{Joule cm}^{-2}\text{d}^{-1}\text{grd}^{-1}). \qquad (5.34)$$

Ein Versuch, die Richtigkeit obiger Beziehung anhand des vorliegenden Standardbeobachtungsmaterials zu überprüfen, scheiterte, da hierfür offenbar spezielle Messungen notwendig sind.

5.5. Die Bestimmung der hydrologischen Ausgangsgrößen

Die allgemeine Bedingungsgleichung für den Beginn der Eisbildung (5.7) lautet mit Gleichung (5.33):

$$t_{W,A} \cdot e^{-a_0} + \left[t_L + \frac{d}{k} + \frac{(\alpha + k)}{\alpha \cdot k} \cdot q\right] \cdot (1 - e^{-a_0}) \leqq \frac{W_n}{\alpha_n}, \qquad (5.35)$$

mit

$$a_0 = \frac{\alpha \cdot k \cdot \tau}{(\alpha + k)hc\varrho}.$$

Bevor die Rechnungen beginnen können, müssen noch die benötigten hydrologischen Ausgangsdaten wie Fließzeit τ, Strömungsgeschwindigkeit u und mittlere Gewässertiefe h ermittelt werden.

Fließzeit

Die Fließzeit wird mit Hilfe eines bei der Wasserwirtschaftsdirektion Spree—Oder—Neiße, Cottbus, erarbeiteten Verfahrens (HELMHOLZ, 1971) bestimmt. Unter der Fließzeit ist dabei diejenige Zeit zu verstehen, in der sich bei einem gegebenen Durchfluß die Wasserteilchen eines endlich kleinen Querschnittvolumens auf einer bestimmten Wasserlaufstrecke fortbewegen. (Das ist in (5.35) diejenige Zeit, während der die Wasserteilchen der Abkühlung ausgesetzt sind.)

Die Grundlage der Methode sind die z. B. bei ZELLER (1965) dargelegten Überlegungen, nach der für Flüsse mit „Regimecharakter" sogenannte Regimegleichungen gewonnen werden können. KRAUSE (1967) hat nachgewiesen, daß sich solche Regimegleichungen für die Durchflußmeßprofile der Grenzoder aufstellen lassen. Dabei wurden die durchgeführten Durchflußmessungen ausgewertet und Beziehungen der Gestalt $x = a \cdot Q^b$ für x_i = Strömungsgeschwindigkeit u, mittlere Gewässertiefe h, Querschnittsfläche F oder Querschnittsbreite b für einzelne Profile gewonnen. In der Tabelle 10 sind für diese Querschnitte die von KRAUSE angegebenen 4 Beziehungen noch einmal mitgeteilt.

Tabelle 10 Zusammenstellung der Regime — Gleichungen für die einzelnen Oderprofile (aus KRAUSE 1967)

Eisenhüttenstadt	$F = 5{,}128 \cdot Q^{0{,}711}$	$b = 46{,}256 \cdot Q^{0{,}169}$
	$h = 16{,}6 \cdot Q^{0{,}466}$	$u = 0{,}156 \cdot Q^{0{,}333}$
Frankfurt	$F = 3{,}362 \cdot Q^{0{,}793}$	$b = 29{,}800 \cdot Q^{0{,}265}$
	$h = 7{,}4 \cdot Q^{0{,}610}$	$u = 0{,}364 \cdot Q^{0{,}171}$
Kietz	$F = 2{,}648 \cdot Q^{0{,}826}$	$b = 5{,}615 \cdot Q^{0{,}562}$
	$h = 36{,}4 \cdot Q^{0{,}309}$	$u = 0{,}596 \cdot Q^{0{,}089}$
Kienitz	$F = 5{,}172 \cdot Q^{0{,}760}$	$b = 46{,}254 \cdot Q^{0{,}228}$
	$h = 16{,}6 \cdot Q^{0{,}452}$	$u = 0{,}149 \cdot Q^{0{,}289}$
Hohensaaten	$F = 10{,}401 \cdot Q^{0{,}644}$	$b = 104{,}166 \cdot Q^{0{,}096}$
	$h = 9{,}5 \cdot Q^{0{,}564}$	$u = 0{,}091 \cdot Q^{0{,}362}$
Stützkow	$F = 49{,}586 \cdot Q^{0{,}408}$	$b = 44{,}335 \cdot Q^{0{,}219}$
	$h = 162{,}0 \cdot Q^{0{,}126}$	$u = 0{,}015 \cdot Q^{0{,}641}$
Schwedt — Oderbrücke	$F = 120{,}480 \cdot Q^{0{,}299}$	$b = 87{,}963 \cdot Q^{0{,}127}$
	$h = 160{,}3 \cdot Q^{0{,}147}$	$u = 0{,}009 \cdot Q^{0{,}694}$
Schwedt — Schleuse	$F = 476{,}190 \cdot Q^{0{,}132}$	$b = 166{,}524 \cdot Q^{0{,}031}$
	$h = 262{,}3 \cdot Q^{0{,}113}$	$u = 0{,}002 \cdot Q^{0{,}877}$

Mit Hilfe dieser Regimegleichungen und einiger durchgeführter zusätzlicher Messungen leitete HELMHOLZ die in Abb. 14 und 15 dargestellten Grafiken zur Ermittlung der Fließzeit für den Flußabschnitt Neiße-

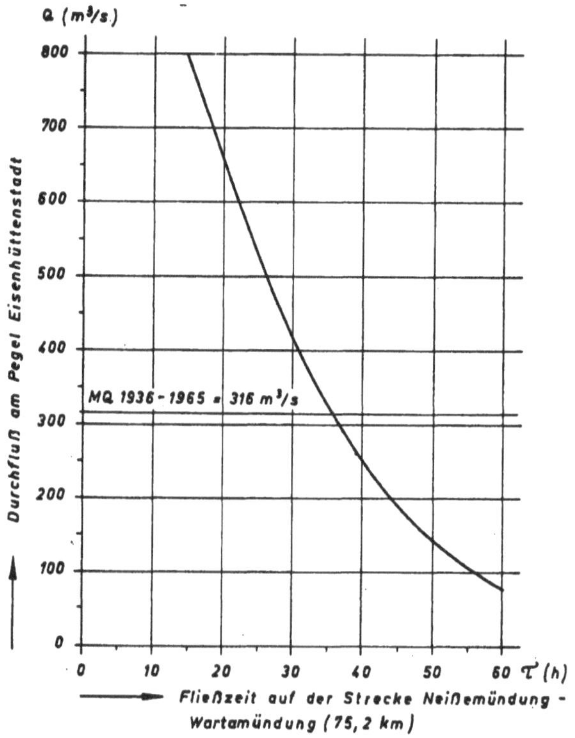

Abb. 14. Fließzeiten der Grenzoder oberhalb der Wartamündung in Abhängigkeit vom Durchfluß in Eisenhüttenstadt (nach HELMHOLZ 1971)

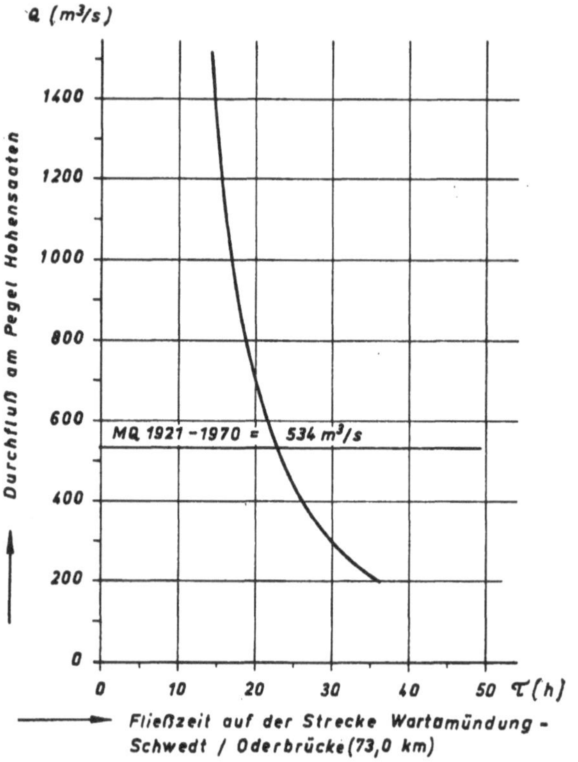

Abb. 15. Fließzeiten der Grenzoder unterhalb der Wartamündung in Abhängigkeit vom Durchfluß in Hohensaaten (nach HELMHOLZ 1971)

mündung — Wartamündung (I) in Abhängigkeit vom Durchfluß in Eisenhüttenstadt und für den Flußabschnitt Wartamündung — Schwedt/Oderbrücke (II) in Abhängigkeit vom Durchfluß in Hohensaaten ab.

Die Annäherung beider Grafiken mit Hilfe einer Exponentialfunktion ergibt:

$$\tau_{I} = 10^{1,7883} \cdot 10^{-0,001} \cdot Q_{EH} + 6,38\,(h), \quad (5.36)$$

$$\tau_{II} = 10^{1,5563} \cdot 10^{-0,001} \cdot Q_{HS} + 13,41\,(h). \quad (5.37)$$

Beide Annäherungen sind nur im vorgegebenen Intervall, d. h. im Falle I (Neißemündung — Wartamündung) $800\ m^3 \cdot s^{-1} \geqq Q_{EH} \geqq 75\ m^3 \cdot s^{-1}$ und im Falle II (Wartamündung — Schwedt/Oderbrücke) im Intervall $1500\ m^3 \cdot s^{-1} \geqq Q_{HS} \geqq 100\ m^3 s^{-1}$ gültig.

Mittlere Strömungsgeschwindigkeit

In der bereits erwähnten Arbeit teilt KRAUSE (1967) auch Regimegleichungen für die mittlere Strömungsgeschwindigkeit mit. Aufbauend auf das von HEIMHOLZ (1971) abgeleitete Verfahren zur Ermittlung der Fließzeit, wurden diese Beziehungen entsprechend den Entfernungen in mittlere Strömungsgeschwindigkeiten umgerechnet.

$$u_I = \frac{75200}{3600} \cdot \frac{1}{\tau_I} (m \cdot s^{-1}),$$
$$75\ m^3 \cdot s^{-1} \leqq Q_{EH} \leqq 800\ m^3 \cdot s^{-1}; \quad (5.38)$$

$$u_{II} = \frac{73000}{3600} \cdot \frac{1}{\tau_{II}} (m \cdot s^{-1}),$$
$$100\ m^3 \cdot s^{-1} \leqq Q_{HS} \leqq 1500\ m^3 \cdot s^{-1}. \quad (5.39)$$

Mittlere Tiefe

Schwierig und problematisch ist auch die Feststellung der mittleren Gewässertiefe für den gesamten Abschnitt. Als Ausweg bieten sich wieder die von KRAUSE (1967) mitgeteilten Regimegleichungen an, nach denen auch die Berechnungen durchgeführt wurden.

5.6. Die durch das Flußbett bedingten Wärmeströme

Hierunter sollen die Energiegewinne durch Dissipation von Bewegungsenergie, der Bodenwärmestrom und die Erwärmung durch zufließendes Grundwasser verstanden werden. Zur Abschätzung der dynamischen Erwärmung durch Dissipation von Energie gibt SCHULJAKOVSKI die folgende Beziehung an:

$$q_d = \varrho \cdot u \cdot h \cdot I \cdot \frac{86400}{0,427} \cdot 4,19. \quad (5.40)$$

Werden zur Abschätzung der Größenordnung einige Werte von u, h und I eingesetzt, ergibt sich die Tabelle 11.

Im Bereich Eisenhüttenstadt — Wartamündung, mit einem Gefälle von etwa 0,28 ‰, ergibt sich im Extremfalle ($h = 400$ cm, $u = 1\ m \cdot s^{-1}$) ein Wert von $q_d = 95$ und bei etwa mittleren Bedingungen ($h = 228$ cm und

Tabelle 11 Werte der Dissipationsenergie

$u\ (m \cdot s^{-1})$	h (cm)	I	q_d (Joule $cm^{-2} d^{-1}$)
1,0	400	0,00028	95
0,5	400	0,00028	47
1,0	228	0,00028	52
0,5	228	0,00028	26
1,0	500	0,00015	64
0,5	500	0,00015	32
1,0	400	0,00015	61
0,5	400	0,00015	26

$u = 0,5\ m \cdot s^{-1}$) ein Wert von nur $q_d = 26$ Joule $cm^{-2} d^{-1}$. Diese Größenordnungen verringern sich flußabwärts infolge der starken Abnahme des Wasserspiegelgefälles.

Der Bodenwärmestrom wird im allgemeinen bei Wärmehaushaltsuntersuchungen vernachlässigt. Für winterliche Verhältnisse ist dies jedoch nicht mehr ohne weiteres zulässig, da er durchaus die Größenordnung anderer Wärmeströme annehmen kann.

BRASLAVSKIJ und VILKULINA (1954) berechnen wie DEVIK (1931) den Wärmestrom im Boden mit Hilfe der Wärmeleitungsgleichung, wobei sie die Temperaturverteilung anhand von Fourierreihen annähern. Sie geben für sandigen Ton eine Tabelle an, in der der Bodenwärmestrom in Abhängigkeit von der geographischen Breite und der mittleren Gewässertiefe dargestellt ist. In dem interessierenden Bereich für 50° geographischer Breite und einer Gewässertiefe von 0 bis 5 m finden sie die Werte aus Tabelle 12.

Tabelle 12 Mittelwerte für den Bodenwärmestrom

Monat	X	XI	XII	I	II
Bodenwärmestrom (Joule $cm^{-2} d^{-1}$)	101	113	88	59	38

SEROVA, ZINČENKO, SEMENOV (1966) gelangen bei ihren experimentellen Abschätzungen für den Bodenwärmestrom des Zimljansker Stausees zu einem ähnlichen Verlauf, doch übersteigen die Beträge 84 Joule $cm^{-2}\ d^{-1}$ nicht.

Schwierig ist auch die Abschätzung des spezifischen Wärmestromes durch zufließendes Grundwasser. Die bei SCHULJAKOVSKIJ zitierten mittleren Angaben schwanken etwa im Bereich von 84 bis 189 Joule $cm^{-2}\ d^{-1}$.

Bestehen keine Möglichkeiten, die dynamische Erwärmung, den Bodenwärmestrom und den Wärmestrom infolge Grundwasserzufluß direkt zu bestimmen, empfiehlt SCHULJAKOVSKIJ, den gesamten durch das Flußbett bedingten Wärmestrom etwa in der Größenordnung von 210 bis 293 Joule $cm^{-2} d^{-1}$ anzusetzen.

Mit dem bis hierher Gesagten sind nun alle Voraussetzungen gegeben, die allgemeine Vorhersagegleichung (5.7) anzuwenden.

5.7. Genauigkeitsbetrachtungen

Die Formel zur Berechnung der Wassertemperatur am Ende des Zeitintervalles τ (5.33) lautet:

$$t_{W;E} = t_{W,A} \cdot e^{-\frac{\alpha \cdot k}{(\alpha+k)\cdot h \cdot c \cdot \varrho}\cdot \tau} + \left[t_L + \frac{d}{k} + \frac{(\alpha + k)}{\alpha \cdot k} \cdot q\right] \times \left(1 - e^{-\frac{\alpha \cdot k \cdot \tau}{(\alpha+k)\cdot h \cdot c \cdot \varrho}}\right). \quad (5.33\,a)$$

Zur Abschätzung der Empfindlichkeit obiger Gleichung auf die fehlerhafte Bestimmung der einzelnen Größen dient die Anwendung der Differentialrechnung auf die Fehlerrechnung. Danach kann in erster Näherung der absolute Fehler einer Funktion von mehreren mit Fehlern behafteten Größen dargestellt werden als:

$$\Delta f(x_1, x_2, \ldots) = \left|\frac{\partial f(x_1, \ldots)}{\partial x_1}\right| \cdot |\Delta x_1| + \left|\frac{\partial f(x_1, \ldots)}{\partial x_2}\right| \times |\Delta x_2| + \ldots . \quad (5.41)$$

Auf Grund dieser Beziehungen wird die Gleichung (5.33a) partiell nach $\alpha, k, h, \tau, d, q, t_L$ und $t_{W,A}$ abgeleitet, woraus sich dann der absolute Fehler von $t_{W,E}$ in Abhängigkeit von den einzelnen Variablen ergibt.

Der gesamte absolute Fehler von $t_{W,E}$ ist dann die Summe der Teilfehler.

$$\Delta_\alpha t_{W,E} = \left|\frac{\partial t_{W,E}}{\partial \alpha}\right| \cdot |\Delta\alpha| = \left|\frac{k^2 \tau\, e^{-a_0}}{(\alpha + k)^2 h}\left[-t_{W,A} + t_L + \frac{d}{k} + \frac{(\alpha + k)}{\alpha \cdot k} \cdot q\right] - \frac{q}{\alpha^2}(1 - e^{-a_0})\right| \cdot |\Delta\alpha|; \quad (5.42)$$

$$\Delta_k t_{W,E} = \left|\frac{\partial t_{W,E}}{\partial k}\right| \cdot |\Delta k| = \left|\frac{\alpha^2 \tau\, e^{-a_0}}{(\alpha + k)^2 h}\left[-t_{W,A} + t_L + \frac{d}{k} - \frac{(\alpha + k)}{\alpha \cdot k} \cdot q\right] - (1 - e^{-a_0})\frac{\alpha + k}{k^2}\right| |\Delta k|; \quad (5.43)$$

$$\Delta_h t_{W,E} = \left|\frac{\partial t_{W,E}}{\partial h}\right| \cdot |\Delta h| = \left|\frac{\alpha k \tau\, e^{-a_0}}{(\alpha + k) h^2}\left[t_{W,E} - t_L - \frac{d}{k} - \frac{(\alpha + k)}{\alpha \cdot k} \cdot q\right]\right| \cdot |\Delta h|; \quad (5.44)$$

$$\Delta_\tau t_{W,E} = \left|\frac{\partial t_{W,E}}{\partial \tau}\right| \cdot |\Delta\tau| = \left|\frac{\alpha k\, e^{-a_0}}{(\alpha + k) h}\left[-t_{W,A} + t_L + \frac{d}{k} + \frac{(\alpha + k)}{\alpha k} \cdot q\right]\right| \cdot |\Delta\tau|; \quad (5.45)$$

$$\Delta_d t_{W,E} = \left|\frac{\partial t_{W,E}}{\partial d}\right| \cdot |\Delta d| = \left|\frac{1 - e^{-a_0}}{k}\right| \cdot |\Delta d|; \quad (5.46)$$

$$\Delta_q t_{W,E} = \left|\frac{\partial t_{W,E}}{\partial q}\right| \cdot |\Delta q| = \left|(1 - e^{-a_0}) \cdot \left(\frac{\alpha + k}{\alpha \cdot k}\right)\right| \cdot |\Delta q|; \quad (5.47)$$

$$\Delta_{t_L} t_{W,E} = \left|\frac{\partial t_{W,E}}{\partial t_L}\right| \cdot |\Delta t_L| = |(1 - e^{-a_0})| \cdot |\Delta t_L|; \quad (5.48)$$

$$\Delta_{t_{W,A}} t_{W,E} = \left|\frac{\partial t_{W,E}}{\partial t_{W,A}}\right| \cdot |\Delta t_{W,A}| = |e^{-a_0}| \cdot |\Delta t_{W,A}|. \quad (5.49)$$

Zur weiteren Einschätzung der Genauigkeit werden für die beiden Teilstrecken Eisenhüttenstadt — Wartamündung unter Verwendung der meteorologischen Angaben der Station Frankfurt und Wartamündung — Hohensaaten unter Verwendung der meteorologischen Daten der Station Angermünde für die entsprechenden Zeiträume (jeweils 5 Tage vor dem Beginn der Eisbildung) die Extremwerte, Mittelwerte und Standardabweichung der Größen α, k, τ, h, t_L, d und W_n berechnet und in Tabelle 13 wiedergegeben.

Zur Veranschaulichung der Form, Richtung und Größe der Abhängigkeit der Endtemperatur des Wassers von den einzelnen Einflußfaktoren dient Abb. 16. Hierin wurde, ausgehend von einer Anfangstemperatur $t_{W,A} = 2$ °C und den in der Tabelle 13 für den Abschnitt

Tabelle 13 Mittelwerte, Standardabweichung und Extremwerte der Größen α, k, τ, h, t_L, d, W_n auf den Teilstrecken Eisenhüttenstadt—Wartamündung (Index I) und Wartamündung—Hohensaaten (Index II) für die Periode 1951—1970 (berücksichtigt wurden jeweils 5 Tage vor Beginn des Treibeises)

	M	$\pm s$	Max.	Min.	Dimensionen
α_I	5259	1433	8539	3369	Joule cm^{-2}d^{-1}grd^{-1}
k_I	160	38	308	107	Joule cm^{-2}d^{-1}grd^{-1}
τ_I	1,41	0,31	1,90	0,66	d
h_I	226,78	54,56	380	142	cm
$t_{L,I}$	— 4,59	3,92	5,5	— 18,0	°C
d_I	— 368	193	25	—1554	Joule cm^{-2}d^{-1}
$W_{n,I}$	—1210	573	96	—2309	Joule cm^{-2}d^{-1}
α_{II}	7252	1414	9884	465	Joule cm^{-2}d^{-1}grd^{-1}
k_{II}	163	41	339	103	Joule cm^{-2}d^{-1}grd^{-1}
τ_{II}	0,67	0,11	0,91	0,48	d
h_{II}	350,02	71,53	4800	211	cm
$t_{L,II}$	— 4,66	4,01	5,6	— 17,1	°C
d_{II}	— 416	250	67	—1550	Joule cm^{-2}d^{-1}
$W_{n,II}$	—1251	626	306	—2338	Joule cm^{-2}d^{-1}

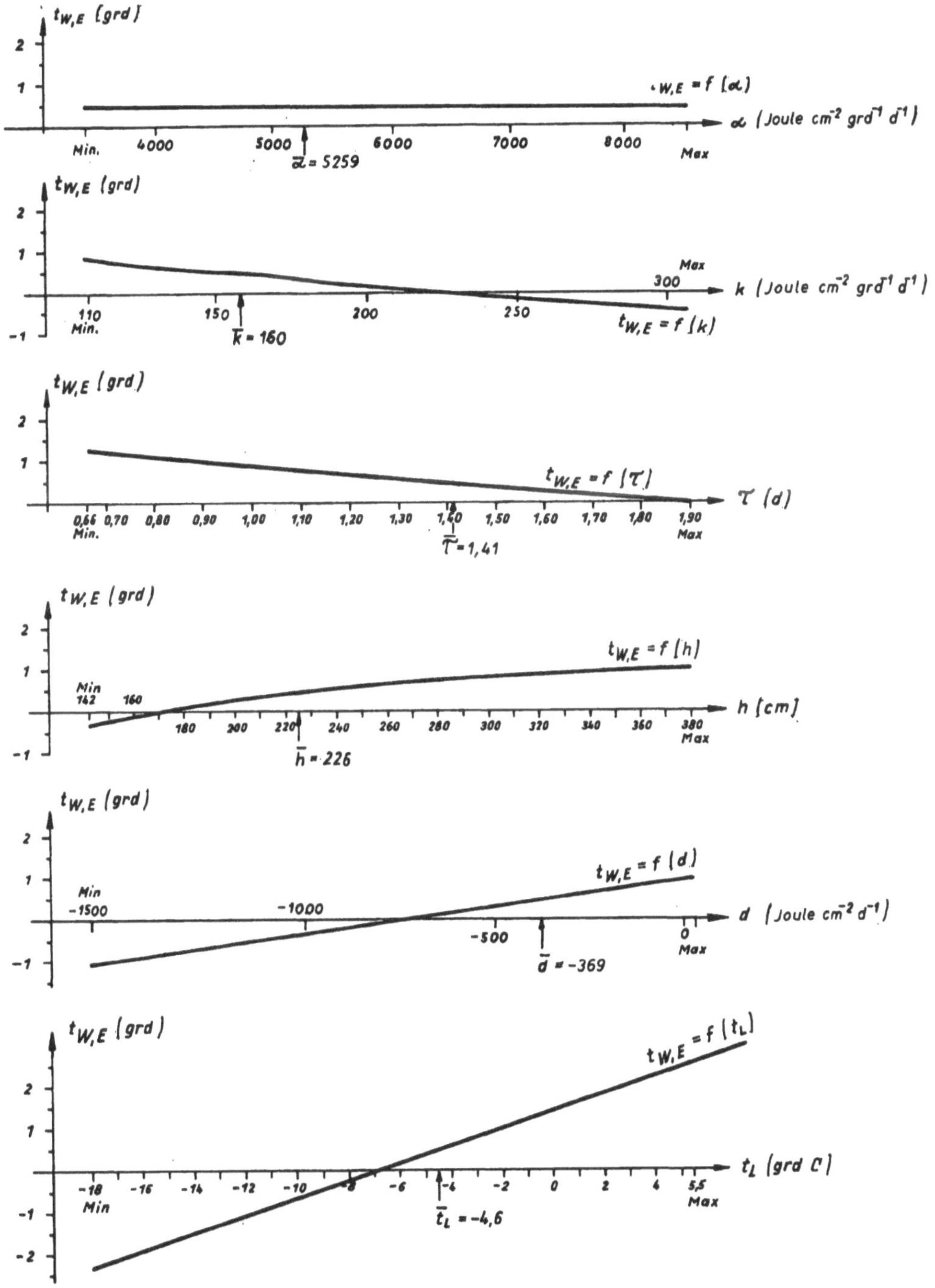

Abb. 16. Abhängigkeit der Endtemperatur des Wassers auf der Strecke Eisenhüttenstadt — Wartamündung von verschiedenen Einflußfaktoren bei einer Anfangstemperatur von $t_{W,A}$ = 2 grd C (Für alle übrigen Größen wurde jeweils konstant der Mittelwert gesetzt.)

Eisenhüttenstadt — Wartamündung mitgeteilten Mittelwerten, jeweils eine Größe über den gesamten Bereich variiert und die sich ergebende Endtemperatur $t_{W,E}$ als Funktion dieser Größe dargestellt.

Aus dieser Abbildung ist ersichtlich, daß außer bei der mittleren Tiefe h, die Abhängigkeiten im interessierenden Bereich etwa linear verlaufen, also die Gleichungen (5.42) bis (5.49) angewendet werden können. Des weiteren spiegeln sie auch die durch logische Überlegungen angenommenen Richtungen der Abhängigkeit wider und geben einen ersten Einblick in ihre Größenordnung. Die Endtemperatur des Wassers, in diesem Falle an der Wartamündung, ist im vorkommenden Bereich kaum abhängig von der Wärmeübergangszahl α und nimmt mit steigendem α nur geringfügig ab. Auch bei größer werdenden Werten von k und τ verringert sich die Endtemperatur, während sie mit wachsendem h, d, t_L und q zunimmt. Die Darstellungen zeigen die Variation der Endtemperatur des Wassers an der Wartamündung mit der Änderung der verschiedenen Einflußgrößen vom Minimalwert bis zum Maximalwert bei einer Anfangstemperatur in Eisenhüttenstadt von $t_{W,A}$ = 2,0 °C und Konstanthaltung der jeweiligen anderen Größen.

So errechnet sich zum Beispiel ein

$t_{W,E}$ = 0,84 °C bei k_{min} = 107;
$t_{W,E}$ = 0,44 °C bei $\bar{k}$ = 160 bzw.
$t_{W,E}$ = 0,47 °C bei k_{max} = 308 Joule $cm^{-2}d^{-1}$

Tabelle 14 Abhängigkeit des absoluten Fehlers der Endtemperatur des Wassers für zwei Oderabschnitte von den einzelnen Einflußgrößen x_i und zulässiger Fehler von Δx_i, wenn $t_{W,E} \leqq 0{,}1$ °C ist

	α	k	τ	h	t_L	d
Eisenhüttenstadt — Wartamündung						
$\Delta t_{W,E}$ (bei $\Delta x_i = s_{x_i}$)	0,012	0,229	0,264	0,288	0,809	0,248
$\Delta t_{W,E}$ (bei $\Delta x_i = x_{max} - x_{min}$)	0,043	1,198	1,054	1,257	4,848	2,032
Δx_i (für $\Delta t_{W,E} \leqq 0{,}1°$)	12042	17	0,118	18,93	0,485	78
Wartamündung — Hohensaaten						
$\Delta t_{W,E}$ (bei $\Delta x_i = s_{x_i}$)	0,004	0,136	0,118	0,167	0,428	0,163
$\Delta t_{W,E}$ (bei $\Delta x_i = x_{max} - x_{min}$)	0,013	0,788	0,446	0,729	2,422	1,056
Δx_i (für $\Delta t_{W,E} \leqq 0{,}1°$)	39679	30	0,097	32,65	0,937	153

und, wird die Fließzeit variiert, ein

$t_{W,E} = 1{,}23$ °C bei $\tau_{min} = 0{,}66$ d;
$t_{W,E} = 0{,}44$ °C bei $\bar{\tau} = 1{,}41$ d und ein
$t_{W,E} = 0{,}02$ °C bei $\tau_{max} = 1{,}90$ d.

Die Abhängigkeit zwischen $t_{W,E}$ und q ist nicht mit aufgetragen, doch folgt aus der Rechnung, daß bei mittlerer Fließzeit und

$q = 0$ Joule cm^{-2}d^{-1} $t_{W,E} = 0{,}17$ °C, bei
$q = 4{,}19 \cdot 50$ Joule cm^{-2}d^{-1} $t_{W,E} = 0{,}44$ °C und bei
$q = 4{,}19 \cdot 100$ Joule cm^{-2}d^{-1} $t_{W,E} = 0{,}72$ °C

betragen würde.

Zur näheren quantitativen Einschätzung dient die Tabelle 14. In ihr ist der absolute Fehler von $t_{W,E}$ bei einer Anfangstemperatur von $t_{W,A} = 2{,}0$ °C, berechnet nach den Formeln (5.41) bis (5.49), für jeweils eine Variable $x_i = \alpha, k, \tau, h, t_L$ und d eingetragen, wobei für die anderen Variablen der Mittelwert entsprechend Tabelle 13 eingesetzt wird. Als x_i werden dabei einmal die Standardabweichungen und zum anderen die Variationsbreiten der einzelnen Größen α, k, τ, h, t_L und d angenommen. Die letzte Zeile gibt an, wie groß der Fehler der einzelnen Variablen x_i sein kann, damit der Fehler der Wassertemperatur $t_{W,E} \leqq 0{,}1$ grd bleibt. (Die geringeren absoluten Fehler im zweiten Fall, das heißt bei der Berechnung der Endtemperatur für das Profil Hohensaaten, rühren von der beträchtlich geringeren mittleren Fließzeit auf der Strecke Wartamündung — Hohensaaten her.)

Die Übersicht zeigt deutlich, auf die Bestimmung welcher Größen besonderes Augenmerk gelegt werden muß. Den größten Einfluß übt zweifelsohne die Lufttemperatur aus, aber auch die Ermittlung des spezifischen Wärmestromes bei Gleichheit von Luft- und Wassertemperatur d, der mittleren Fließzeit τ sowie der mittleren Wassertiefe h bedarf besonderer Sorgfalt. Relativ unproblematisch und zufriedenstellend genau ist hiernach die Bestimmung der Wärmeübergangskoeffizienten α und k, wobei bezüglich α auch die ständige Anwendung des Mittelwertes zu vertreten ist.

5.8. Einige Umformungen der Arbeitsformel

Die allgemeine Arbeitsformel (5.7) lautet mit der Beziehung (5.33)

$$t_{W,A} \cdot e^{-a_0} + \left(t_L + \frac{d}{k} + \frac{\alpha + k}{\alpha \cdot k} \cdot q\right) \cdot (1 - e^{-a_0}) \leqq - \frac{W_n}{\alpha_n} \tag{5.50}$$

mit

$$a_0 = \frac{\alpha \cdot k \cdot \tau}{(\alpha + k) \cdot h \cdot c\varrho}.$$

Nach $t_{W,A}$ aufgelöst, folgt daraus

$$t_{W,A} \leqq - \frac{W_n}{\alpha_n} \cdot \frac{1}{e^{-a_0}} - \left(t_L + \frac{d}{k} + \frac{\alpha + k}{\alpha \cdot k} \cdot q\right) \times (1 - e^{-a_0}) \cdot \frac{1}{e^{-a_0}}. \tag{5.51}$$

Hieraus ergibt sich eine neue Fragestellung bzw. Zielstellung: Es wird dabei nach der Anfangstemperatur $t_{W,A}$ im Anfangsquerschnitt gefragt, für die bei den gegebenen oder zu erwartenden meteorologischen und hydrologischen Bedingungen im Endquerschnitt nach der Fließzeit τ mit Eis zu rechnen ist. Oder für die vorliegenden beiden Fälle formuliert: Ab welcher Wassertemperatur im Profil Eisenhüttenstadt tritt nach der Fließzeit τ an der Wartamündung bei den gegebenen Bedingungen Eis auf, bzw. wie weit darf sich das Wasser an der Wartamündung abkühlen, bevor in Hohensaaten Eis eintritt? Für die in der Tabelle 13 angegebenen Mittelwerte wird für das Profil Wartamündung $t_{W,A}$ in Abhängigkeit von der Lufttemperatur und der Fließzeit in Abb. 17 dargestellt. W_n und α_n sind dabei die Mittelwerte für sämtliche Tage, an denen das erste Mal Eis auftrat.

Abb. 17 kann zu einer ersten Übersicht über das mittlere thermische Verhalten des Gewässers während der Eisbildung dienen. Bei einer Fließzeit von $\tau = 0{,}6$ d ist beispielsweise bei einer Lufttemperatur von $t_L \leqq -10$ °C an der Wartamündung nach 0,6 Tagen mit Eis zu rechnen, wenn die Wassertemperatur in Eisenhüttenstadt $t_{W,A} \leqq 1{,}4$ °C beträgt, bzw. bei gleicher Lufttemperatur von $t_L \leqq -10$ °C und einer Fließzeit $\tau = 2{,}0$ d tritt nach 2 Tagen an der Wartamündung Eis auf, wenn in Eisenhüttenstadt eine Wassertemperatur von kleiner oder gleich 4,6 °C gemessen wird. Oder anders gesagt, bei einer in Eisenhüttenstadt gemessenen Wassertemperatur von $t_{W,A} = 2{,}0$ °C bildet sich nach einer Fließzeit von τ-Tagen bis zur Wartamündung Treibeis, wenn z. B. bei einer Fließzeit von $\tau = 0{,}6$ d die Lufttemperatur t_L unter -16 °C, von $\tau = 1{,}0$ d unter $-8{,}7$ °C von $\tau = 1{,}4$ d unter $-5{,}6$ °C und von $\tau = 2{,}0$ d unter $-3{,}4$ °C absinkt. Wird bei vorgegebener Anfangstemperatur, beispielsweise $t_{W,A} = 1{,}0$ °C und $t_L = -4{,}0$ °C, nach der Zeit gefragt, ist unter mittleren Verhältnissen bei $\tau \geqq 0{,}84$ d an der Wartamündung mit Treibeis zu rechnen, während bei gleicher Lufttemperatur und einer Anfangstemperatur von 2 °C erst nach $\tau = 1{,}8$ Tagen Eis eintritt.

Eine Anwendung derartiger Abbildungen ist streng genommen nur im Bereich der gestrichelt eingezeichneten Mittelwerte (siehe auch Tabelle 13) gestattet, denn einige der in der Gleichung (5.51) eingehenden Glieder, vor allem W_n und d, sind eng mit der Lufttemperatur korreliert und nehmen mit fallender Lufttemperatur ab. Deshalb werden sich in Bereichen, die weit unterhalb von $\bar{t}_L$ liegen, größere Anfangstemperaturen ergeben, als aus der Abb. 17 folgen würde.

Um nun zu zeigen, wie die Zusammenhänge sich ändern, wenn α, k, d, W_n sich ändern, werden in der Abb. 18 statt der Mittelwerte die um die Standardabweichung veränderten Werte eingesetzt. Entsprechend der Abb. 16 wurde jeweils der sich am ungünstigsten auswirkende Fall angenommen, also

statt $\bar{k} \to \bar{k} + s_k;\ \bar{d} \to \bar{d} - s_d,\ \bar{h} \to \bar{h} - s_h$ und

statt $\bar{W}_n \to \bar{W}_n - s_{Wn}$.

Wie ein Vergleich der Abbildungen 17 und 18 zeigt, vergrößern sich die „kritischen" Anfangstemperaturen etwa um den Faktor 1,5 bei $\tau = 0{,}6$ d bis 1,9 bei $\tau = 2{,}0$ d. In Wirklichkeit wird der Fehler bei der Verwendung derartiger Abbildungen wesentlich geringer sein, denn selten summieren sich die Fehler alle in einer Richtung. Mit ihrer Hilfe gelingt es jedoch, einen Einblick in das mittlere und extreme thermische Verhalten des betreffenden Oderabschnittes zu bekommen.

Eine weitere praktische Umformung der Gleichung (5.50) gestattet die Ermittlung der „kritischen" Luft-

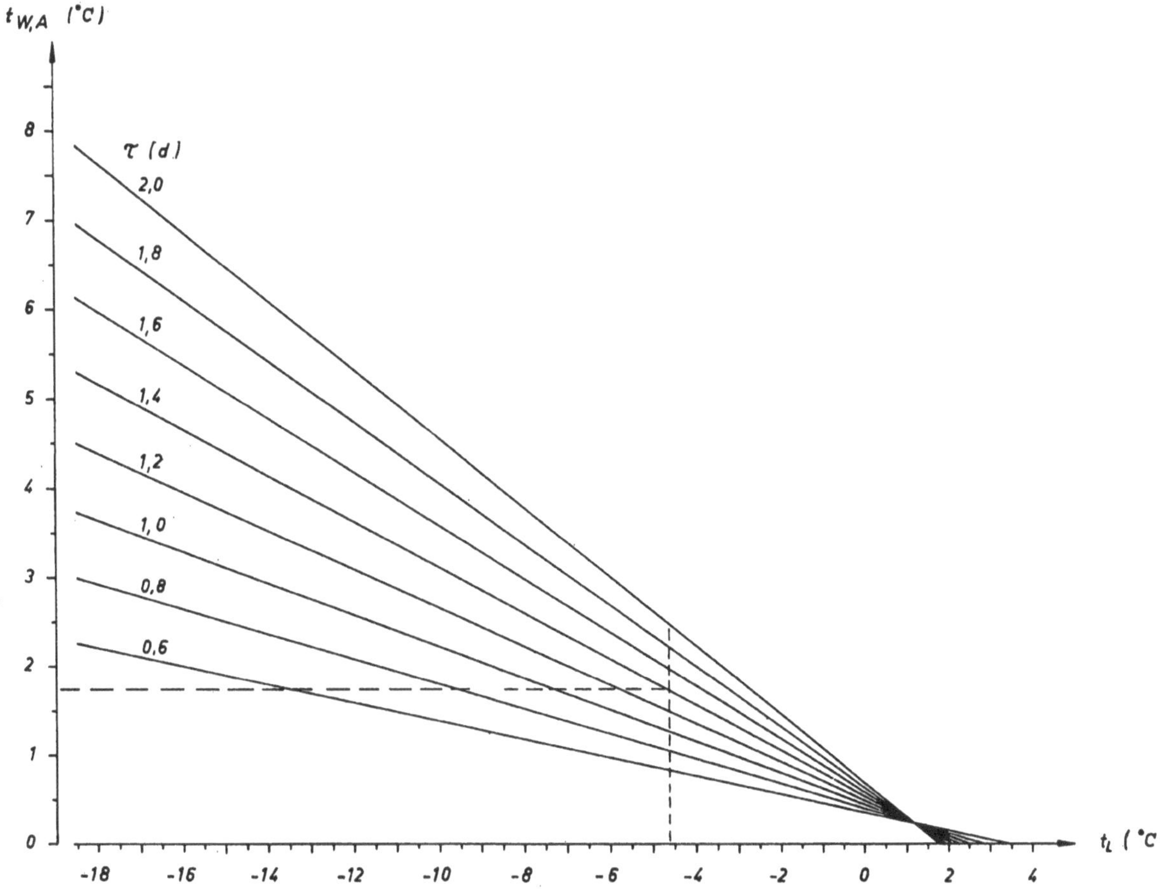

Abb. 17. Abhängigkeit der „kritischen" Anfangstemperatur des Wassers $t_{W,A}$ (im Profil Eisenhüttenstadt von der Fließzeit τ und vom Tagesmittel der Lufttemperatur in Frankfurt bei Mittelwerten für $\bar{\alpha}_n$, $\bar{k}$, $\bar{d}$, $\bar{h}$, $\bar{W}_n$.)

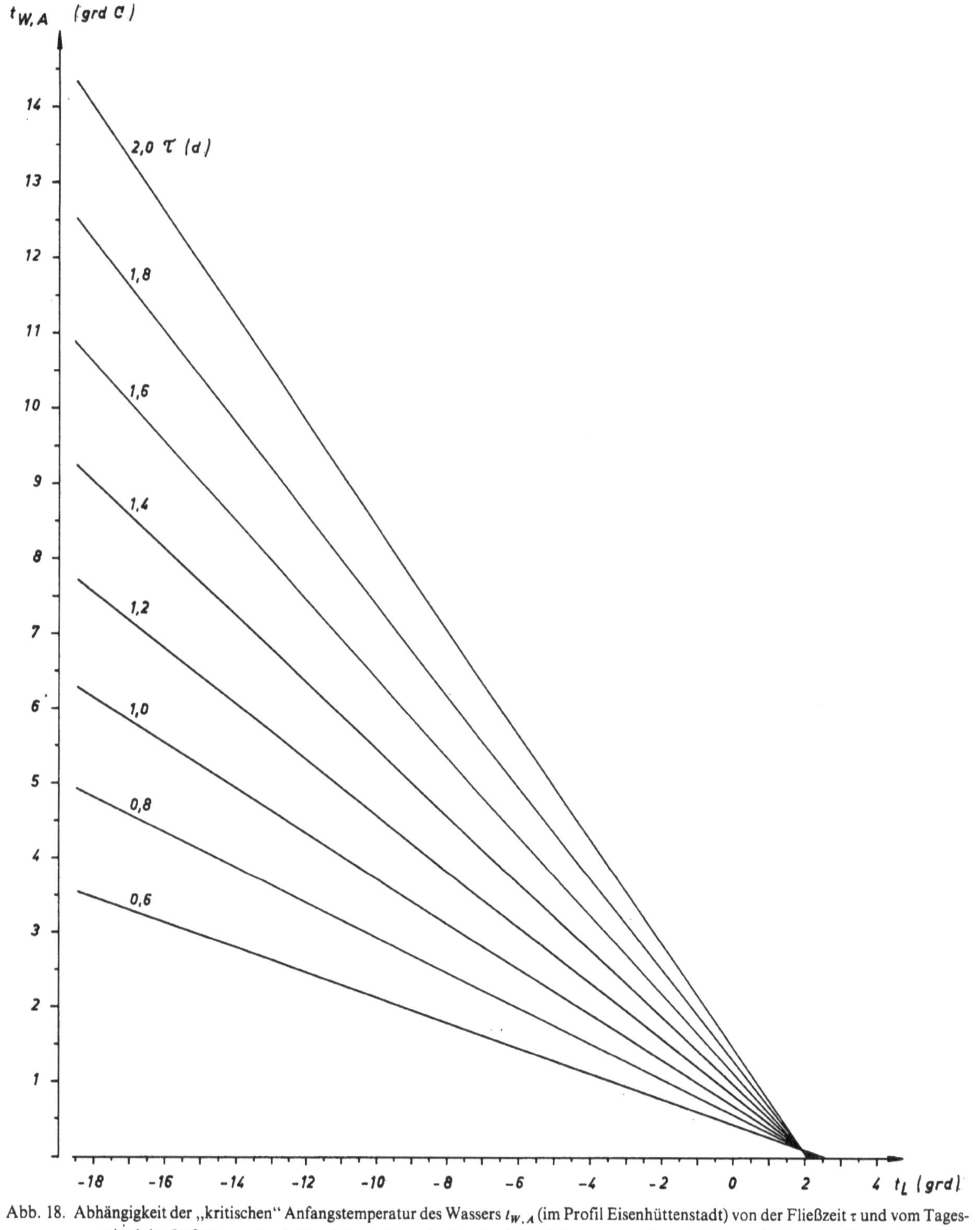

Abb. 18. Abhängigkeit der „kritischen" Anfangstemperatur des Wassers $t_{W,A}$ (im Profil Eisenhüttenstadt) von der Fließzeit τ und vom Tagesmittel der Lufttemperatur in Frankfurt bei um die Standardabweichung s vermehrten bzw. verminderten Größen

$\bar{\alpha}_n, \bar{k} + s_k, \bar{d} - s_k, \bar{h} - s_h, \bar{W}_n - s_{W_n}$

temperatur, für die bei gegebener Anfangstemperatur Eisbildung einsetzt:

$$t_L = -\frac{t_{W,A} \cdot e^{-a_0}}{1 - e^{-a_0}} - \frac{d}{k} - \frac{\alpha + k}{\alpha \cdot k} \cdot q - \frac{W_n}{\alpha_n(1 - e^{-a_0})}. \quad (5.52)$$

Auch bei dieser Umformung gilt das oben bezüglich der inneren Korrelation zwischen der Lufttemperatur und d und W_n Gesagte, so daß mit (5.52) diese „kritische" Lufttemperatur etwas zu niedrig bestimmt wird.

6. Ergebnisse der Berechnung der Wassertemperatur und der Treibeisbildung

Nach den bisherigen Ausführungen besteht die Möglichkeit, die Wassertemperatur nach zwei Methoden zu berechnen. Einmal durch numerische Iteration (Verfahren ECKEL und REUTER) der auf dem Energieerhaltungssatz beruhenden Differentialgleichung für die Wärmeinhaltsänderung (5.30) sowie durch die von SCHULJAKOVSKI mitgeteilte Lösung (5.33) derselben. Beim letzteren Verfahren können noch zwei Varianten unterschieden werden, denn für die Berechnung der atmosphärischen Wärmeströme lassen sich einerseits die durch die Gleichungen (5.8) bis (5.17) ausgedrückten halbempirischen Formeln verwenden (ausführliche Variante — a) und andererseits auch das vereinfachte Verfahren (kurze Variante — k), ausgedrückt durch die Beziehungen (5.18), (5.22) und (5.23) nutzen. Demzufolge gibt es auch für die Berechnung der Treibeisbildung nach Gleichung (5.7) zwei bzw. drei Varianten. Da für praktische und operative Zwecke stets einfache und leicht zu handhabende Verfahren anzustreben sind, soll ihre Genauigkeit geprüft werden, um danach für das gegebene Problem das zweckmäßigste Verfahren auszuwählen.

Gleichzeitig kann hier durch die im Abschnitt 5.6 noch offengebliebene Frage nach der Größenordnung der durch das Flußbett bedingten Wärmeströme untersucht werden. Neben den bereits besprochenen Wärmeströmen, wie Bodenwärmestrom, Wärmestrom durch zufließendes Grundwasser und Dissipation von Bewegungsenergie, drückt der Term q in Gleichung (5.30) jedoch noch summarisch alle weiteren bisher nicht berücksichtigten Wärmeströme, wie sie z. B. durch feste oder flüssige Niederschläge oder durch zufließendes oberirdisches wärmeres oder kälteres Wasser verursacht werden, aus. Es ist deshalb günstiger, den Term q als „Restwärme" zu definieren. Durch Variation der Restwärme von 0 bis $4{,}19 \cdot 80$ Joule $cm^{-2}d^{-1}$ eingeteilt in Zehnerstufen von $4{,}19 \cdot 10$ zu $4{,}19 \cdot 10$ Joule $cm^{-2}d^{-1}$, soll ihr günstigster Betrag ermittelt werden. Die zu lösende Aufgabe kann deshalb folgendermaßen formuliert werden: Aus den täglichen Messungen des Wasserstandes (Durchflusses) und der Wassertemperatur am Pegel Eisenhüttenstadt sind an der Wartamündung (Pegel Kietz) die Wassertemperatur und nach dem Vergleich mit dem Quotienten — W_n/α_n) die Termine der Eisbildung zu berechnen. Die meteorologischen Einflüsse werden durch die Messungen der meteorologischen Station Frankfurt charakterisiert.

6.1. Ergebnisse der Wassertemperaturberechnung

Für die Winter 1950/51 bis 1969/70 wurden von November bis Februar täglich die Wassertemperaturen für Kietz berechnet und mit den gemessenen verglichen. Es wurden dabei für alle Werte größer als 0,5 °C die Differenzen Δ und die quadratischen Differenzen Δ^2 zwischen den gemessenen und den nach den verschiedenen Verfahren berechneten Wassertemperaturen sowie zwischen den Verfahren untereinander ermittelt und monatsweise mit den Mittelwerten $\bar{\Delta}$ und den Streuungen s ausgegeben:

$$\Delta = \sum_{i=1}^{n} (x_i - y_i)\,, \qquad \bar{\Delta} = \frac{\Delta}{n} = \bar{x} - \bar{y}\,,$$

$$\Delta^2 = \sum_{i=1}^{n} (x_i - y_i)^2\,, \qquad s = \sqrt{\frac{\Delta^2}{n-2}}\,.$$

Schließlich erfolgte für alle Stufen von $q = 0,\ 4{,}19 \cdot 10,\ \ldots\ 4{,}19 \cdot 80$ Joule $cm^{-2}d^{-1}$ eine Zusammenfassung nach Monaten und eine alle Werte umfassende Zusammenstellung.

Als die wesentlichsten Aussagen sollen festgehalten werden:

1. Im Mittel berechnet die gekürzte Variante 0,1 K höhere Temperaturen als die ausführliche und um 0,2 K höhere als die nach ECKEL und REUTER, während die Differenzen der ausführlichen Variante zu ECKEL und REUTER nur zwischen 0,0 und 0,1 K liegen. Dies wird auch durch die Größenordnungen der optimalen q-Werte bestätigt.
2. Die geringsten mittleren Differenzen und Streuungen treten bei den drei Verfahren in den einzelnen Monaten bei den in der Tabelle 15 mitgeteilten Größen der Restwärme auf.

Tabelle 15 Werte der optimalen Restwärme [Joule $cm^{-2}d^{-1}$] und der zugehörigen Standardabweichungen

		XI	XII	I	II	Gesamt
Variante (k)	q_{min} ($\bar{\Delta}$)	4,19 · 40	4,19 · 60	4,19 · 10	0	4,19 · 40
	q_{min} (s)	4,19 · 40	4,19 · 60	4,19 · 20	4,19 · 20	4,19 · 40
	$\lvert s \rvert$ (K)	1,45	1,24	0,93	1,50	1,33
Variante (a)	q_{min} ($\bar{\Delta}$)	4,19 · 70	4,19 · 80	4,19 · 30	0	4,19 · 60
	q_{min} (s)	4,19 · 70	4,19 · 80	4,19 · 50	0	4,19 · 60
	$\lvert s \rvert$ (K)	1,41	1,16	0,86	1,40	1,27
ECKEL/REUTER	q_{min} ($\bar{\Delta}$)	4,19 · 80	4,19 · 80	4,19 · 40	0	4,19 · 70
	q_{min} (s)	4,19 · 80	4,19 · 80	4,19 · 50	0	4,19 · 70
	$\lvert s \rvert$ (K)	1,42	1,19	0,88	1,42	1,29

Während die mittleren Differenzen zwischen berechneten und gemessenen Wassertemperaturen auf diese Weise den Wert Null erreichen, ergeben sich Werte der Streuungen von etwa ±1,3 K.

3. Bei der gekürzten Variante nach SCHULJAKOVSKI stimmen die Werte am besten bei $q = 4{,}19 \cdot 40$, der ausführlichen bei $q = 4{,}19 \cdot 60$ bei dem Verfahren nach ECKEL und REUTER von $q = 4{,}19 \cdot 70$ Joule $cm^{-2}d^{-1}$ überein.
4. Die Verfahren von ECKEL und REUTER und die ausführliche Variante von SCHULJAKOVSKI erweisen sich als gleichwertig. Das betrifft sowohl die Größenordnung der Differenzen und Streuungen als auch die Werte der optimalen Restwärme. Daraus läßt sich in Übereinstimmung mit dem im Abschnitt 5.6. Gesagten schlußfolgern, daß die Oder durch das Flußbett im November und Dezember etwa 4,19 · (70—80) Joule $cm^{-2}d^{-1}$ erhält, ein Betrag, der bis zum Ende des Februar auf Null zurückgeht.
5. In den einzelnen Monaten kann die Restwärme statt durch den Mittelwert mit den in der Tabelle 15 angegebenen Werten angesetzt werden. Die Summe der

Tabelle 16 Vergleich zwischen beobachteten Terminen des Beginns einer Eisbildung an der Wartamündung und berechneten Terminen für eine Restwärme von $q = 0$, $4{,}19 \cdot 30$, $4{,}19 \cdot 50$ und $4{,}19 \cdot 80$ Joule $cm^{-2}d^{-1}$ und jeweils 2 Berechnungsvarianten (k = gekürztes, a = ausführliches Verfahren, Δ = berechneter — beobachteter Termin)

Winter	beobacht. Termin	$q = 0$				$q = 4{,}19 \cdot 30$				$q = 4{,}19 \cdot 50$				$q = 4{,}19 \cdot 80$			
		k	Δ	a	Δ	k	Δ	a	Δ	k	Δ	a	Δ	k	Δ	a	Δ
1	2	3	4	5	6	7	8	9	10	11	12	13	14	15	16	17	18
1951/52	24. 1.	23. 1.	−1	24. 1.	0	23. 1.	−1	24. 1.	0	24. 1.	0	25. 1.	+1	25. 1.	+1	28. 1.	+4
	12. 2.	11. 2.	−1	12. 2.	0	12. 2.	0	13. 2.	+1	12. 2.	0	13. 2.	+1	13. 2.	+1	14. 2.	+2
1952/53		10. 12.	?	10. 12.	?	—	?	10. 12.	?	—	?	11. 12.	?	—	?	—	?
	—	19. 12.	?	19. 12.	?	19. 12.	?	19. 12.	?	20. 12.	?	19. 12.	?	—	?	19. 12.	?
	16. 1.	14. 1.	−2	15. 1.	−1	14. 1.	−2	15. 1.	−1	15. 1.	−1	15. 1.	−1	15. 1.	−1	15. 1.	−1
	8. 2.	8. 2.	0	8. 2.	0	8. 2.	0	8. 2.	0	8. 2.	0	8. 2.	0	8. 2.	0	8. 2.	0
1953/54	18. 12.	19. 12.	+1	18. 12.	0	19. 12.	+1	18. 12.	0	19. 12.	+1	19. 12.	+1	19. 12.	+1	19. 12.	+1
	2. 1.	1. 1.	−1	1. 1.	−1	2. 1.	0	1. 1.	−1	2. 1.	0	4. 1.	+2	2. 1.	0	2. 1.	0
	23. 1.	23. 1.	0	23. 1.	0	23. 1.	0	23. 1.	0	23. 1.	0	23. 1.	0	23. 1.	0	23. 1.	0
1954/55	24. 11.	23. 11.	−1	23. 11.	−1	24. 11.	0	23. 11.	−1	24. 11.	0	24. 11.	0	24. 11.	0	24. 11.	0
	6. 1.	5. 1.	−1	5. 1.	−1	5. 1.	−1	5. 1.	−1	5. 1.	−1	5. 1.	−1	5. 1.	−1	5. 1.	−1
	17. 2.	15. 2.	−2	16. 2.	−1	16. 2.	−1	16. 2.	−1	16. 2.	−1	16. 2.	−1	16. 2.	−1	16. 2.	−1
1955/56	30. 1.	29. 1.	−1	29. 1.	−1	29. 1.	−1	29. 1.	−1	29. 1.	−1	29. 1.	−1	29. 1.	−1	29. 1.	−1
1956/57	28. 12.	27. 12.	−1	27. 12.	−1	27. 12.	−1	27. 12.	−1	27. 12.	−1	27. 12.	−1	28. 12.	0	28. 12.	0
	17. 1.	17. 1.	0	17. 1.	0	17. 1.	0	18. 1.	+1	18. 1.	+1	18. 1.	+1	18. 1.	+1	22. 1.	+5
	—	21. 1.	?	21. 1.	?	22. 1.	?	21. 1.	?	22. 1.	?	22. 1.	?	22. 1.	?	22. 1.	?
1957/58	16. 12.	15. 12.	−1	15. 12.	−1	15. 12.	−1	15. 12.	−1	15. 12.	−1	15. 12.	−1	15. 12.	−1	15. 12.	−1
	4. 1.	3. 1.	−1	3. 1.	−1	3. 1.	−1	3. 1.	−1	3. 1.	−1	3. 1.	−1	3. 1.	−1	3. 1.	−1
	25. 1.	25. 1.	0	25. 1.	0	25. 1.	0	25. 1.	0	25. 1.	0	25. 1.	0	25. 1.	0	25. 1.	0
1958/59	12. 1.	12. 1.	0	12. 1.	0	13. 1.	+1	12. 1.	0	13. 1.	+1	12. 1.	0	13. 1.	+1	13. 1.	+1
	9. 2.	6. 2.	−3	6. 2.	−3	6. 2.	−3	6. 2.	−3	7. 2.	−2	6. 2.	−3	7. 2.	−2	8. 2.	−1
1959/60	8. 12.	8. 12.	0	8. 12.	0	8. 12.	0	8. 12.	0	8. 12.	0	8. 12.	0	8. 12.	0	8. 12.	0
	13. 1.	11. 1.	−2	11. 1.	−2	11. 1.	−2	11. 1.	−2	11. 1.	−2	11. 1.	−2	11. 1.	−2	11. 1.	−2
	1. 2.	1. 2.	0	1. 2.	0	1. 2.	0	1. 2.	0	1. 2.	0	1. 2.	0	1. 2.	0	1. 2.	0
1960/61	19. 1.	18. 1.	−1	18. 1.	−1	18. 1.	−1	18. 1.	−1	18. 1.	−1	18. 1.	−1	18. 1.	−1	18. 1.	−1
1961/62	17. 12.	16. 12.	−1	16. 12.	−1	16. 12.	−1	16. 12.	−1	16. 12.	−1	16. 12.	−1	16. 12.	−1	16. 12.	−1
	1. 2.	31. 1.	−1	31. 1.	−1	31. 1.	−1	31. 1.	−1	31. 1.	−1	31. 1.	−1	31. 1.	−1	31. 1.	−1
	27. 2.	26. 2.	−1	26. 2.	−1	26. 2.	−1	26. 2.	−1	26. 2.	−1	26. 2.	−1	26. 2.	−1	26. 2.	−1
1962/63	21. 12.	20. 12.	−1	20. 12.	−1	20. 12.	−1	20. 12.	−1	20. 12.	−1	20. 12.	−1	20. 12.	−1	20. 12.	−1
1963/64	13. 12.	10. 12.	−3	10. 12.	−3	11. 12.	−2	11. 12.	−2	11. 12.	−2	11. 12.	−2	11. 12.	−2	11. 12.	−2
	14. 2.	13. 2.	−1	13. 2.	−1	13. 2.	−1	13. 2.	−1	13. 2.	−1	13. 2.	−1	13. 2.	−1	13. 2.	−1
1964/65	27. 12.	26. 12.	−1	26. 12.	−1	26. 12.	−1	27. 12.	0	27. 12.	0	27. 12.	0	27. 12.	0	27. 12.	0
	(9. 2.)	9. 2.	(0)	10. 2.	(+1)	9. 2.	(0)	10. 2.	(+1)	9. 2.	(0)	10. 2.	(+1)	10. 2.	(+1)	10. 2.	(+1)
1965/66	19. 11.	24. 11.	?	24. 11.	?	24. 11.	?	—	?	—	?	—	?	—	?	—	?
	9. 1.	9. 1.	0	8. 1.	−1	9. 1.	0	9. 1.	0	9. 1.	0	9. 1.	0	9. 1.	0	9. 1.	0
	10. 2.	10. 2.	0	10. 2.	0	10. 2.	0	10. 2.	0	10. 2.	0	10. 2.	0	10. 2.	0	10. 2.	0
1966/67	10. 1.	9. 1.	−1	9. 1.	−1	9. 1.	−1	9. 1.	−1	9. 1.	−1	9. 1.	−1	9. 1.	−1	9. 1.	−1
	15. 2.	14. 2.	−1	14. 2.	−1	14. 2.	−1	14. 2.	−1	14. 2.	−1	14. 2.	−1	14. 2.	−1	14. 2.	−1
1967/68	—	11. 12.	?	11. 12.	?	11. 12.	?	11. 12.	?	12. 12.	?	13. 12.	?	12. 12.	?	12. 12.	?
	21. 12.	20. 12.	−1	20. 12.	−1	20. 12.	−1	20. 12.	−1	21. 12.	0	21. 12.	0	21. 12.	0	21. 12.	0
	6. 1.	5. 1.	−1	5. 1.	−1	5. 1.	−1	5. 1.	−1	5. 1.	−1	5. 1.	−1	5. 1.	−1	5. 1.	−1
1968/69	11. 12.	11. 12.	0	11. 12.	0	11. 12.	0	11. 12.	0	11. 12.	0	11. 12.	0	11. 12.	0	11. 12.	0
	30. 12.	28. 12.	−2	28. 12.	−2	28. 12.	−2	28. 12.	−2	29. 12.	−1	29. 12.	−1	29. 12.	−1	29. 12.	−1
	6. 2.	6. 2.	0	6. 2.	0	6. 2.	0	6. 2.	0	6. 2.	0	6. 2.	0	6. 2.	0	6. 2.	0
	−13. 2.	überall noch Treibeis vom 6. 2. berechnet															
1969/70	—	3. 12.	?	3. 12.	?	3. 12.	?	3. 12.	?	3. 12.	?	3. 12.	?	3. 12.	?	3. 12.	?
	8. 12.	7. 12.	−1	7. 12.	−1	7. 12.	−1	7. 12.	−1	7. 12.	−1	7. 12.	−1	7. 12.	−1	7. 12.	−1

Abweichungsquadrate zwischen gemessener und berechneter Wassertemperatur nimmt jedoch dadurch nur unbedeutend ab.

6.2. Analyse der Berechnungen zum Beginn der Eisbildung

Die Bedingungsgleichung (5.7) erlaubt die Berechnung des Beginns der Eisbildung in einer bestimmten Entfernung von einem Anfangsprofil, die von der Laufzeit des Wassers bestimmt ist.

Ungeachtet der zur Kritik Anlaß gebenden Qualität der veröffentlichten Beobachtungsunterlagen treten bei dem Vergleich der berechneten mit den beobachteten Terminen der Treibeisbildung eine Reihe von Problemen auf, die es mitunter schwierig machen, die Genauigkeit der Rechnungen zu beurteilen. Auf eines sei bereits jetzt hingewiesen: Der Endtermin ergibt sich aus dem Anfangstermin plus Fließzeit und ist variabel. Da laut Angaben der Gewässerkundlichen Jahrbücher die Eisbeobachtungen nur einmal täglich, erst 12.00, später 8.00 und zur Zeit 7.00 Uhr durchgeführt werden, müßte eigentlich, wenn sich ein Endtermin von beispielsweise 19.00 Uhr ergibt, erst der nächste Tag als berechneter Termin der Eisbildung angesehen werden. Auf der anderen Seite werden die Wassertemperaturen nicht kontinuierlich, sondern auch nur einmal täglich gemessen, wodurch häufig zu den Endterminen Wassertemperaturen berechnet werden, die beträchtlich unter den für die Eisbildung notwendigen liegen. Dies bedeutet, daß die Eisbildung bereits wesentlich früher (bis 23 h) begann. Unter Berücksichtigung dieses Umstandes wird vereinbart, daß als berechneter Tag des Beginns der Eisbildung derjenige Tag gelten soll, in den die betreffende Stunde des Endtermins fällt. (Er wird in der Regel etwas zu früh berechnet werden.)

Auf einige andere Probleme wird im Verlauf der Diskussion der Ergebnisse noch hingewiesen. Sie erfolgt mit Hilfe der Eiskalender (Abb. 6—8) und der Tabellen 16 und 17. Die Tabelle 16 enthält die beobachteten und berechneten Termine für den Beginn der Eisbildung. Da nach der Methode von ECKEL und REUTER die gleichen Termine für den Beginn der Eisbildung berechnet werden wie nach der Methode von SCHULJAKOVSKI, werden die mit ihr erzielten Ergebnisse nicht gesondert mitgeteilt. Die Unterschiede, die sich bei der Variation der Restwärme von 4,19 · 10 zu 4,19 · 10 Joule $cm^{-2}d^{-1}$ ergeben, sind recht gering, so daß in der Tabelle nur die Resultate für $q = 4{,}19 \cdot (0; 30; 50 \text{ und } 80)$ Joule $cm^{-2}d^{-1}$ für die beiden Varianten (a) und (k) der Berechnungsmethode nach SCHULJAKOVSKI wiedergegeben sind. Die Differenz Δ(d) zwischen berechneten und beobachteten Eintrittsterminen erhält ihr Vorzeichen durch

$$\Delta = \text{Tag}_{\text{berechnet}} - \text{Tag}_{\text{beobachtet}} .$$

Zur besseren Beurteilung werden zur Tabelle 16 einige Erläuterungen notwendig:

1951/52; 24. 1.: Am 20./21. 1. fielen in Frankfurt 16 mm und vom 8. bis 11. 2. 12 mm Schneeniederschlag. Durch die Nichtberücksichtigung dieser Tatsache wird die Abkühlung wahrscheinlich zu langsam berechnet. Dieses verspätete Berechnen wird natürlich bei geringen Werten von q geringer.

Tabelle 17 Absolute und relative Häufigkeiten der Abweichungen in Tagen zwischen berechneten und beobachteten Terminen des Eintritts von Treibeis sowie Häufigkeiten, mit der die Termine auf ± 1 Tag genau berechnet werden, in Abhängigkeit von der Größe der Restwärme q und für die zwei Berechnungsvarianten (k = gekürzte Variante, a = ausführliche Variante)

q	Meth.		−3	−2	−1	±0	+1	+2	>2	Σ	±1
0	k	h	2	4	21	12	1	—	—	40	34
		%	5,0	10,0	52,5	30,0	2,5	—	—	100,0	85,0
	a	h	2	2	22	13	1	—	—	40	36
		%	5,0	5,0	55,0	32,5	2,5	—	—	100,0	90,0
4,19 · 30	k	h	1	4	19	14	2	—	—	40	35
		%	2,5	10,0	47,5	35,0	5,0	—	—	100,0	87,5
	a	h	1	3	20	13	3	—	—	40	36
		%	2,5	7,5	50,0	32,5	7,5	—	—	100,0	90,0
4,19 · 50	k	h	—	3	18	16	3	—	—	40	37
		%	—	7,5	45,0	40,0	7,5	—	—	100,0	92,5
	a	h	1	2	18	13	5	1	—	40	36
		%	2,5	5,0	45,0	32,5	12,5	2,5	—	100,0	90,0
4,19 · 80	k	h	—	3	17	14	6	—	—	40	37
		%	—	7,5	42,5	35,0	15,0	—	—	100,0	92,5
	a	h	—	2	18	13	4	1	2	40	35
		%	—	5,0	45,0	32,5	10,0	2,5	5,0	100,0	87,5

1952/53; 10./20.12.: Es wird am 10./11. und am 19./20. Treibeis berechnet, obgleich die Angaben der Jahrbücher keines nachweisen. Dies ist insofern verwunderlich, da gerade bei frühwinterlichen Kälteeinbrüchen die Berechnungen etwas den Messungen hinterherhinken (siehe Winter 1953/54 und 1965/66).

1953/54; 18. 12.: Es wird etwas verspätet Eisbildung berechnet, eine Folge hoher gemessener Wassertemperaturen.

1956/57; 17. 1.: Den Treibeisbeginn am 17. 1. erfassen alle Methoden, doch berechnen sie am 20. 1. infolge des kurzen Temperaturanstieges kein Treibeis und erfassen danach so einen zusätzlichen Termin, da alle Pegel in dieser Periode durchweg Treibeis meldeten. Diese Fälle sind aber unproblematisch, da ja das vorkommende Treibeis nicht unbedingt auf Neubildung zurückzuführen sein muß.

1964/65; Februar: Die Beobachtungsdaten im Februar sind stark widersprüchlich, so daß keine eindeutige Zuordnung zwischen Rechnung und Beobachtung gelingt.

1965/66; 19. 11.: Ein plötzlicher Temperaturrückgang am 9. 11. verursacht nach den Beobachtungen übereinstimmend am 19. 11. an allen Pegeln Treibeis, in Eisenhüttenstadt sogar bei einer gemeldeten Wassertemperatur von 4,8 °C (ein Fall, der sonst nicht wieder auftritt; es liegt der Verdacht nahe, daß es sich hier um einen Fehler bei der Wassertemperaturmessung handelt). Die hohen Ausgangstemperaturen in Eisenhüttenstadt bewirken, daß nach allen Methoden die für die Eisbildung notwendige Wassertemperatur nicht berechnet wird.

1967/68; 13. 12.: Infolge der geringen Ausgangstemperaturen in Eisenhüttenstadt wird am 11. bzw. 12. 12. nach allen Methoden Treibeis berechnet, obwohl keines beobachtet wurde.

1968/69; 6. 2. und 13. 2.: Die Eisverhältnisse im betrachteten Flußabschnitt sind in dieser Zeit äußerst kompliziert. Räumlich und zeitlich wechseln Eisstand, Treibeis und Eisfreiheit sehr stark. Nachdem der Treibeisbeginn am 6. 2. richtig erfaßt wird, ergeben die Berechnungen für den gesamten Zeitraum mindestens Treibeis. Es ist deshalb keine Aussage über die Güte der Berechnung bezüglich des beobachteten Termins vom 13. 2. möglich.

1969/70; 2. 12. und 8. 12.: Den Rechnungen zufolge hätte sich bereits am 3. 12. Eis gebildet, welches am 5./6. 12. (ab $q = 4{,}19 \cdot 30$ Joule $cm^{-2}d^{-1}$) kurzzeitig verschwindet. Beobachtet wurde Eis ab 8. 12., am 13./14. war die Oder kurzzeitig eisfrei, während am 15. die abermalige Vereisung einsetzt. Der 15. 12. wird nur noch für $q = 70$ cal $cm^{-2}d^{-1}$ erfaßt, während für kleinere q vom 3. 12. an durchgängig Eis berechnet wird.

Es zeigt sich, daß nach einem markanten Temperatursturz und anschließender Kälteperiode alle Varianten den Termin der Eisbildung sehr genau berechnen und erst bei wechselhaften Witterungsverläufen und Eisverhältnissen Unterschiede in der Aussagekraft der verschiedenen Varianten erkennbar sind.

Werden die in der Tabelle 16 mit einem Fragezeichen versehenen nicht eindeutigen Fälle ausgeschaltet, verbleiben noch 40 Termine des Beginns einer Treibeisperiode. In der Tabelle 17 sind die absoluten und relativen Häufigkeitsverteilungen der Abweichungen zwischen den berechneten und beobachteten Terminen in Tagen für verschiedene Restwärmen sowie für die beiden Berechnungsvarianten wiedergegeben. Die Unterschiede innerhalb der einzelnen Klassen sind sehr gering, es deutet sich jedoch erwartungsgemäß mit wachsendem q eine Verschiebung zu den positiven Abweichungen hin an, d. h., der Termin wird für einen späteren Zeitpunkt berechnet. In der letzten Spalte sind die Häufigkeiten eingetragen, mit der die Termine auf ± 1 Tag genau bestimmt werden. Dies stellt die höchste zu erwartende Genauigkeit des Beobachtungsmaterials dar. Bei dieser Genauigkeitsgrenze sind sowohl die Unterschiede zwischen der ausführlichen und gekürzten Variante als auch für die verschiedenen q-Werte unbedeutend, d. h., sie lassen sich mit dem χ^2-Test geprüft nicht sichern.

Die wichtigsten Ergebnisse der Abschnitte über die Berechnung der Wassertemperatur und der Termine der Eisbildung lassen sich wie folgt zusammenfassen:

1. Trotz der mehrfach erwähnten Unzulänglichkeiten in der Methodik und der Schwierigkeiten bei der Bereitstellung genauer Berechnungsunterlagen gelingt es im allgemeinen, den Zeitraum für den Beginn der Treibeisbildung relativ genau vorauszuberechnen. Bei einer Fehlergrenze von ± 1 Tag werden von den zur Beurteilung herangezogenen Fällen etwa 90% richtig berechnet.
2. Für Vorhersagezwecke ist das vereinfachte Berechnungsverfahren nach SCHULJAKOVSKI, in dem von den meteorologischen Größen nur die Lufttemperatur und die Windgeschwindigkeit benötigt werden, vollkommen ausreichend.
3. Für die Restwärme empfiehlt es sich bei der gekürzten Variante $q = 4{,}19 \cdot 40$ Joule $cm^{-2}d^{-1}$ und bei der ausführlichen Methode $q = 4{,}19 \cdot 60$ Joule $cm^{-2}d^{-1}$ zu setzen.
4. Genauere Ergebnisse lassen sich erzielen, wenn der Wärmeentzug durch schmelzenden Schneeniederschlag berücksichtigt wird.

7. Anwendung der Ergebnisse in der Praxis

Der Berechnungsalgorithmus gestaltet sich relativ einfach, denn die einzelnen Rechenschritte sind im wesentlichen nach der Beziehung (5.50) nacheinander und ohne Verzweigung abzuarbeiten, wobei zunächst gewisse Ausgangsdaten ermittelt werden müssen. Zur besseren Übersicht dient ein in Abb. 19 dargestelltes vereinfachtes Ablaufschema. In den einzelnen Operationskästchen stehen jeweils die zu berechnenden Größen:

(1) Einzugeben sind die prognostizierten Werte des Durchflusses, der Lufttemperatur und der Windgeschwindigkeit sowie die gemessene Wassertemperatur.

(2) Hieraus wird die Fließzeit mit dem Endtermin, die Strömungsgeschwindigkeit, mittlere Gewässertiefe und die Windgeschwindigkeit in 2 m Höhe bestimmt.

(3) bis (5) Aus diesen Größen werden durch die Beziehungen (5.34), (5.22) und (5.23b) die Koeffizienten α, k und d berechnet und mit (5.18a) und (5.34) die Größen W_n und α_n. Die Wassertemperatur wird nach (5.33) ermittelt.

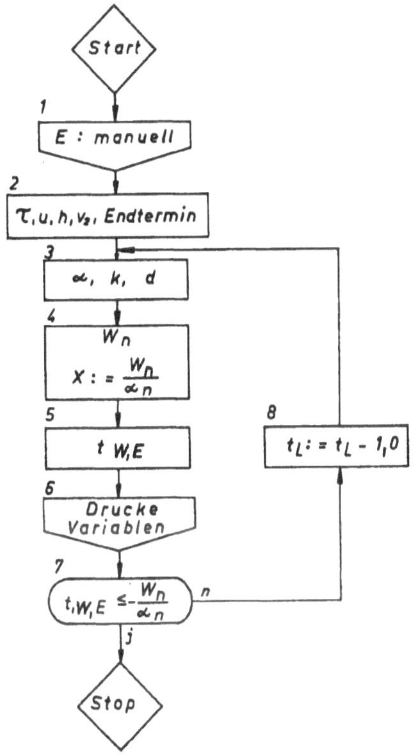

Abb. 19. Ablaufschema zur Berechnung der Eisbildung

(6) Nach dem Druck der Variablen erfolgt die Abfrage, ob

(7) die Bedingung für den Beginn der Eisbildung gegeben ist, wenn ja, erfolgt ein Ausdruck und die Berechnungen werden beendet.

(8) Ist die Bedingung für die Eisbildung nicht erfüllt, wird die Lufttemperatur solange um 1 K erniedrigt, bis Eis auftreten müßte. Hiermit läßt sich dann einschätzen, wie sich eine Fehlprognose auf die Eisbildung auswirken wird.

Wegen der größeren „Eisgefährdung" des unteren Oderabschnittes besteht natürlich seitens der Praxis der Wunsch, die Eisverhältnisse vor allem auf diesem Abschnitt vorhersagen zu können. Dabei ist verständlich, daß sich die hydrodynamischen und hydrologischen Bedingungen der Oder nach der Einmündung der Warta wesentlich ändern. Deshalb müssen die Berechnungen für die unterhalb der Wartamündung liegenden Abschnitte getrennt durchgeführt werden. Als repräsentativer Pegel für diesen Abschnitt wird Hohensaaten angesehen. Hierfür liegen auch die gesichertsten Beobachtungen vor. Die Berechnung erfolgt in zwei Schritten, wobei für den Abschnitt unterhalb der Wartamündung entweder die Daten der meteorologischen Station Angermünde oder auch die der Station Frankfurt verwendet werden können. Die Aufgabenstellung lautet dann:

I. Berechnung der Wassertemperatur an der Wartamündung $t_{W,E}$ aus der in Eisenhüttenstadt gemessenen $t_{W,A}$ und den meteorologischen Bedingungen während der Fließzeit τ_I, berechnet aus den Beobachtungsdaten der meteorologischen Station Frankfurt.

II. Berechnung der Wassertemperatur im Profil Hohensaaten aus der berechneten Anfangstemperatur an der Wartamündung (d. i. die Endtemperatur der I. Teilstrecke) und den meteorologischen Bedingungen, während der Fließzeit τ_{II} (Wartamündung — Hohensaaten).

Die jeweiligen Endtemperaturen müssen nun mit der für diesen Tag berechneten Größe W_n/α_n verglichen werden, und ist $t_{W,E} \leqq -W_n/\alpha_n$ oder gar negativ, muß an diesem Tag mit Eisbildung gerechnet werden. Errechnet sich nun bereits am Ende des ersten Teilabschnittes eine negative Wassertemperatur oder eine, die kleiner oder gleich $-W_n/\alpha_n$ ist, folgt notwendigerweise, daß auch zum Zeitpunkt τ_{II} (d. h., nachdem die Wassermasse auch die Strecke Wartamündung — Hohensaaten durchlaufen hat) Eis auftreten muß. Auch diese Berechnungsmethodik wurde überprüft, und es ergab sich für $q = 4{,}19 \cdot 30$ Joule $cm^{-2}d^{-1}$ bei einer Fehlergrenze von ± 1 Tag eine Eintrittshäufigkeit von 87%.

8. Berechnung und Prognose des Eisstandes

Die rechnerische Simulation der Eisstandsentwicklung auf Fließgewässern stellt ein noch weitgehend ungelöstes Problem dar. Arbeiten zu dieser Frage finden sich im sowjetischen Schrifttum (siehe hierzu u. a. Schuljakovski, 1960), sowie in den Materialien der hydrologischen Konferenzen der Donauländer (z. B. Stan 1965, Mita 1965). Naturgemäß sind derartige Untersuchungen in maritim gelegenen Gebieten mit den nicht so regelmäßig auftretenden strengen Wintern seltener und für die DDR bisher noch nicht durchgeführt worden. Wie bereits erwähnt, verdient jedoch das Eisregime der Oder besondere Aufmerksamkeit. Um ein Modell zur Simulation der Eisstandsentwicklung aufstellen zu können, ist der Wirkungsmechanismus der wichtigsten Einflußfaktoren zu untersuchen.

Nachdem sich auf der Oder Treibeis bildet, bleibt das Eis bald jenseits der Staatsgrenze am Jeziora Dabie stehen. Die Geschwindigkeit des Anwachsens der Eisstandsgrenze flußaufwärts wird durch die verschiedensten Faktoren beeinflußt: Unterschiedliche Treibeisdichte führt zu unterschiedlichem Eisstandswachstum; bei starkem Durchfluß wird das Eis stärker zusammengepreßt, andererseits wird mehr Eis herangeführt als bei geringem Durchfluß; unterschiedliche morphometrische Verhältnisse entlang des Flußlaufes (Engstellen, Krümmungen) führen zu unterschiedlich langen Aufbauzeiten der Eisdecke. Wegen der Vielfalt der Einflußfaktoren gelang bisher keine analytische Lösung des Problems. So werden auf Grund physikalisch begründeter Annahmen empirische Verfahren abgeleitet, die jedoch nur unter den speziellen Bedingungen ihrer Aufstellung gültig sind. Dabei wird meistens versucht, den Termin der Eisstandsbildung an einem bestimmten Profil zu bestimmen. Die getroffenen Annahmen und Ansätze können wie folgt erläutert werden:

1. Bei dichtem Treibeis wird sich der Eisstand schneller bilden als bei leichtem. Es wäre also zunächst nach Beziehungen zwischen der Dauer der Treibeisperiode bis zum Eisstand und der Treibeisdichte zu suchen. Da einerseits aber Beobachtungen der Treibeisdichte selten oder nicht in der erforderlichen Qualität vorliegen und andererseits der Berechnungs- bzw. Prognosezeitraum verlängert werden soll, werden anstelle der Treibeisdichte die sie wesentlich beeinflussenden Faktoren verwendet. Hier ist vor allem der Wärmeverlust an die Atmosphäre zu nennen. Diese Wärmeströme sind relativ aufwendig zu berechnen und werden deshalb, wegen ihrer engen Korrelation zur Lufttemperatur durch die „negative Temperatursumme" ersetzt. Es ist anzunehmen, daß bei größeren negativen Temperatursummen die Eisstandsentwicklung schneller vor sich geht als bei kleineren. Nach derartigen Beziehungen wird gesucht. Des weiteren steigt mit fallender Temperatur die Festigkeit des Eises an, und es kann weniger stark zusammengepreßt werden, — ein Effekt, der ebenfalls beschleunigend wirkt.
2. Zur Charakterisierung der Wirkungen der hydrodynamischen und morphologischen Einflußgrößen wird der Durchfluß (manchmal auch der Wasserstand) verwendet.
3. Viele Modellvorstellungen gehen auch von dem Vorhandensein einer „kritischen Lufttemperatur" aus, die wiederum vom Durchfluß abhängen soll. Sie dient als Maß für die Intensität der Abkühlung. Oberhalb dieser Abkühlungsintensität sei der Wasserlauf in der Lage, das Eis noch abzutransportieren, und erst wenn die Temperatur unter diesem kritischen Wert liegt, friert das Eis an den besonders gefährdeten Stellen zusammen. Es konnte bereits früher nachgewiesen werden, daß für die Oder eine solche kritische Temperatur nicht existiert. Im weiteren wird deshalb auf die Untersuchungen zur kritischen Temperatur nicht mehr eingegangen.

In den nächsten beiden Abschnitten werden einige der getroffenen Annahmen auf ihre Gültigkeit untersucht, um hieraus praktisch verwertbare Methoden für die Berechnung und Prognose der Eisstandsbildung abzuleiten. Im darauf folgenden Abschnitt werden die Verfahren dann an einem Winter vorgestellt.

8.1. Beziehungen Eisbildung — Wärmeabgabe an die Atmosphäre — Lufttemperatur

Die Gleichung (5.27) beschreibt die individuelle Änderung der Wärmemenge eines Wasserteilchens und sagt aus, daß sie gleich dem Gradienten der durch die Oberfläche gehenden Wärmeströme ist. Mit der Annahme, daß die x- und y-Komponenten des Austauschtensors klein gegenüber der Komponente in z-Richtung sind, welche sich in z-Richtung nicht ändern soll, folgt mit der Eulerschen Zerlegung und der Vernachlässigung des advektiven Gliedes die bekannte Wärmeleitungsgleichung

$$c \cdot \varrho \cdot \frac{\partial t}{\partial \tau} = c \cdot \varrho \cdot A_z \frac{\partial^2 t}{\partial z^2}. \tag{8.1}$$

Es sei P (Joule $cm^{-3} s^{-1}$) die in der Zeiteinheit τ zur Kristallisation von 1 cm^3 Wasser, das bis zur Temperatur t unterkühlt ist, frei werdende Energie. Dann wird mit der Beziehung

$$P = -m \cdot t \tag{8.2}$$

und der Definition für den turbulenten Wärmeaustauschkoeffizienten

$$k_w = c_w \cdot \varrho \cdot A_z$$

$$P = -k_w \cdot m \frac{\partial^2 P}{\partial z^2}, \tag{8.3}$$

oder wenn die z-Koordinate nach unten gerichtet ist,

$$\frac{\partial^2 P}{\partial z^2} - \frac{P}{k_w \cdot m} = 0. \tag{8.4}$$

Die Lösung dieser Differentialgleichung gibt RYMŠA (1962). Sie lautet mit den Randbedingungen

$$-k_w m \cdot \frac{\partial P}{\partial z} = q_B, \qquad z = h \text{ und}$$

$$-k_w m \cdot \frac{\partial P}{\partial z} = W_n, \qquad z = 0,$$

$$P = \frac{1}{\sqrt{k_w m}\ \mathrm{sh}\ \frac{h}{\sqrt{k_w m}}} \cdot \left(W_n\, \mathrm{ch} \frac{h - z}{\sqrt{k_w m}} - q_B\, \mathrm{ch} \frac{z}{\sqrt{k_w m}} \right). \tag{8.5}$$

Für $q_B = 0$ ergibt sich

$$P = \frac{W_n}{\sqrt{k_w m}} \cdot \mathrm{cth} \frac{h}{\sqrt{k_w m}}, \tag{8.6}$$

wobei $\sqrt{k_w m}$ die Dimension einer Länge hat.

Ausführliche Diskussionen der Lösungen finden sich bei RYMŠA (1962) sowie RYMŠA und DONČENKO (1962, 1964, 1965). Es sei hierzu nur folgendes festgehalten: Infolge der typischen Form der Funktion $f(x) = \mathrm{cth}(x)$, die sich für $x > 1$ asymptotisch dem Wert 1 nähert, wird für

$$a = \frac{h}{\sqrt{k_w m}} > 1 \tag{8.7}$$

$$P_0 = \frac{W_n}{\sqrt{k_w m}}. \tag{8.8}$$

Für größere Tiefen und kleine Durchmischung, welches etwa die Bedingungen für die statische Eisbildung oder schnelles Zufrieren sind, wird also die Intensität der Eisbildung durch die Gleichung (8.8) beschrieben. Diese besagt, daß die in der Zeiteinheit bei der Kristallisation frei werdende Energie direkt der Wärmeabgabe an die Atmosphäre proportional ist.

Insbesondere folgt aus (8.8) unter Einführung der Schmelzwärme ($L = 335$ Joule cm^{-3}) die Zeit τ für die Bildung einer Eisdecke, zum Beispiel von z cm Dicke:

$$\tau = \frac{L \cdot k_w m}{W_n} = \frac{L \cdot \varrho z}{W_n}. \tag{8.9}$$

Durch Vergleich der tatsächlich gefundenen Kurve mit dieser theoretischen besteht die Möglichkeit, den Ausdruck a (Beziehung 8.7) der Gleichung (8.6) zu ermitteln und so Aussagen über den turbulenten Wärmeleitungskoeffizienten bzw. den Faktor m zu erhalten.

Die mit der Gleichung (8.5) erhaltene Lösung der Differentialgleichung (8.4) beschreibt die in der Zeiteinheit an jedem Punkt x längs des Wasserlaufes gebildete Eismenge, läßt aber durch Vernachlässigen des Advektionsterms die zusätzlich herangeführte Treibeismenge außer acht. Dies gilt streng genommen nur für stehende oder schnell zufrierende Gewässer. Die genannten Autoren diskutieren deshalb auch fast ausschließlich solche Fälle. Obwohl das Verfahren aus diesem Grunde für eine Anwendung am Beispiel der Oder nicht geeignet ist, fand es hier Erwähnung, da es die grundsätzliche Möglichkeit der Darstellung der Intensität der Eisbildung in Abhängigkeit von den atmosphärischen Wärmeströmen demonstriert.

Hieran anschließend kann der direkte lineare Zusammenhang zwischen der Wärmeabgabe der Gewässeroberfläche und damit der Intensität der Eisbildung (siehe Gleichung 8.5 und 8.6) mit der Lufttemperatur in der Treibeisperiode leicht gezeigt werden. Es ist

$$W = L + (S + V). \tag{8.10}$$

Für den fühlbaren Wärmestrom gilt mit α_L, der Wärmeübergangszahl Wasser — Luft,

$$L = -\alpha_L (t_0 - t_L), \tag{8.11}$$

und wird im Moment der Eisbildung $t_0 = 0$ °C gesetzt, folgt

$$W_n = +\alpha_L \cdot t_L + (S + V). \tag{8.12}$$

Diese lineare Abhängigkeit muß für die Zeiteinheit gelten und, wenn die Summe $(S + V)$ nicht zu großen zeitlichen Schwankungen unterworfen ist, auch für die Summe bzw. den Mittelwert über einen bestimmten Zeitraum existieren.

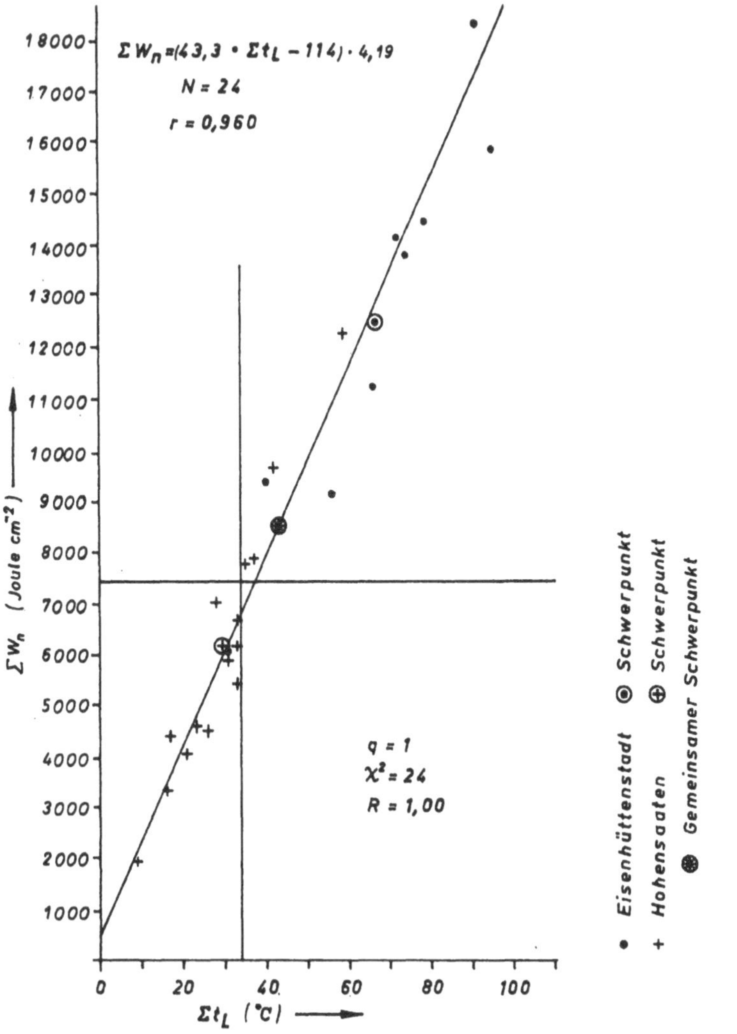

Abb. 20. Zusammenhang zwischen Temperatur- und Wärmesummen innerhalb der Treibeisperioden mit nachfolgendem Eisstand

Für den Pegel Eisenhüttenstadt stehen aus dem Zeitraum 1951—1970 9 Fälle und für Hohensaaten aus dem Zeitraum 1959—1970 (denn erst ab 1959 liegen Wassertemperaturmessungen vor) 15, also insgesamt 24 Fälle zur Ableitung dieser Beziehungen zur Verfügung. Für diese Treibeisperioden mit nachfolgendem Eisstand sind die berechneten Wärmesummen den Temperatursummen und den entsprechenden Mittelwerten gegenübergestellt (siehe Abb. 20). Der χ^2-Wert zur Prüfung des Quadrantenverhältnisses weist mit 24,00 für die Summen bzw. 12,56 für die Mittelwerte eine hohe Sicherheit der linearen Beziehung nach. Die berechneten Regressionsbeziehungen lauten:

$$\sum_\tau W_n = \left(43{,}3 \cdot \sum_\tau t_L - 114\right) \cdot 4{,}19\,, \qquad (8.13)$$

$$\bar{W}_n = (36{,}4 \cdot \bar{t}_L - 70{,}5) \cdot 4{,}19\,. \qquad (8.14)$$

Mit diesem Ergebnis ist nachgewiesen, daß anstelle der aufwendig zu berechnenden Wärmesummen mit den Temperatursummen gearbeitet werden kann.

Daraus ist zu schlußfolgern, daß die Dichte des Treibeises als Funktion der Lufttemperatur ausgedrückt werden kann. Leider läßt sich dieser Zusammenhang nur schwer nachweisen. Zum einen ist wegen der zusätzlichen Abhängigkeit der Treibeisdichte vom Durchfluß, der Gewässerbreite, der Entfernung von der Eisstandsgrenze sowie der advektiven Zuführung von Eis kein besonders straffer Zusammenhang zu erwarten, zum anderen existieren kaum zuverlässige Beobachtungsunterlagen der prozentualen Eisbedeckung. Lediglich den graphischen Darstellungen der Eisverhältnisse des Wasserstraßenamtes Eberswalde sind Angaben über leichtes, mittleres oder dichtes Treibeis zu entnehmen. Von den ausgewählten Fällen ergibt sich für die drei Klassen das in der Tabelle 18 dargestellte Bild.

Normalverteilung voraussetzend ergeben sich für die Differenzen der Mittelwerte die in Tabelle 19 mitgeteilten Werte der Studentschen Prüfgröße t, mit der Irrtumswahrscheinlichkeit $\alpha(t)$.

Werden 10% Irrtumswahrscheinlichkeit vorgegeben, so sind die Differenzen der Mittelwerte der Lufttemperatur an Tagen mit dichtem Treibeis signifikant niedriger als an Tagen mit mittlerem und leichtem Treibeis, während die Differenz bei mittlerem und leichtem Treibeis nicht signifikant ist. Diese Aussage wird durch die Anwendung des χ^2-Anpassungstests, indem jeweils die Verteilungsfunktionen der Einzelwerte gegeneinander getestet werden, qualitativ bestätigt, wobei sich allerdings hiermit die Unterschiede in den Verteilungsfunktionen nicht nachweisen lassen.

Obwohl die Zusammenhänge zwischen Treibeisdichte und Lufttemperatur hiernach nicht besonders straff sind, sollte in Zukunft der Ermittlung der Treibeisdichte und ihrer Zusammenhänge mit den beeinflussenden Faktoren besondere Aufmerksamkeit geschenkt werden. Eine möglichst genaue Beobachtung der Treibeisdichte (die Unterteilung in leichtes, mittleres und starkes erscheint ausreichend) entlang des Wasserlaufes wäre allerdings Voraussetzung hierfür.

Tabelle 18 Mittelwerte der Lufttemperatur bei verschiedenen Treibeisschichten

	N	$\bar{t}_L$	s
leichtes Treibeis	121	−3,66 °C	±4,26 K
mittleres Treibeis	57	−4,52 °C	±4,00 K
dichtes Treibeis	35	−6,13 °C	±4,32 K

Tabelle 19 Prüfung der Differenzen der Lufttemperaturen bei verschiedenen Treibeisdichten mit den t- und χ^2-Tests

	t	$\alpha(t)$	χ^2	$\alpha(\chi^2)$
leicht—mittel	1,28	25% > α > 10%	3,54	70% > α > 50%
leicht—dicht	3,01	1% > α > 0,1%	5,43	30% > α > 10%
mittel—dicht	1,82	10% > α > 5%	4,31	30% > α > 10%

8.2. Dauer der Treibeisperiode an einem festen Punkt

Zur Analyse und zur Einschätzung der Probleme, welche bei der Einordnung der Eisverhältnisse der Oder auftreten, sollen Abb. 21 und Tabelle 20 dienen. Die Tabelle enthält in den Spalten folgende Angaben:

1 und 2: Datum des Eintritts von Eisstand am Pegel Hohensaaten,
3: Datum des Treibeisbeginns in Hohensaaten,
4: Eintritt des Eisstandes am Stromkilometer 740 (wenn nicht vorhanden 730 bzw. 718),
5: Dauer der Treibeisperiode in Hohensaaten,
6: Minimaler Durchfluß am Pegel Hohensaaten in der Treibeisperiode ($m^3 s^{-1}$),
7: (negative) Temperatursumme, sie wird berechnet aus den Tagesmittelwerten vom 1. Tag des Erscheinens von Treibeis bis zum Tage der Eisstandsbildung,
8: Mittelwert der Lufttemperatur in der Treibeisperiode,
9: Geringstes Tagesmittel der Lufttemperatur in der Treibeisperiode,
10: Dauer der Treibeisperiode am Stromkilometer 740 (siehe Bemerkung zu 4.),
11: Differenz in Tagen zwischen dem Eintrittstermin des Eisstandes in Hohensaaten und am km 740 (Spalte 4—2 und beachte Bemerkung zu 4),
12: Zahl der eisfreien Tage am Pegel Hohensaaten, wenn vorher bereits Eis beobachtet wurde,
13: Minimaler Durchfluß am Pegel Stützkow, ab 1954,
14: Differenz zwischen der geringsten Tagesmitteltemperatur in der Treibeisperiode und der 5 Tage zurückliegenden.

Bereits eine erste Betrachtung der Werte der Tabelle 20 läßt erkennen, welche Schwierigkeiten eine Systematisierung bereiten wird, denn bei Fällen mit scheinbar gleichen meteorologischen und hydrologischen Bedingungen resultieren unterschiedlich lange Treibeisperioden.

Wird unter Beachtung von (8.14) und analog der Beziehung (8.9) die Dauer der Treibeisperiode in Hohensaaten in Abhängigkeit vom Temperaturmittel in dieser Zeit dargestellt, ergeben sich die in Abb. 21 gezeigten Verhältnisse. Die Streuung der Punkte ist relativ groß.

Tabelle 20 Eintrittstermine des Eisstandes am Pegel Hohensaaten und andere Kenngrößen (Erläuterungen siehe Text)

Jahr	d^{ES}_{HS}	d^{TE}_{HS}	d^{ES}_{740}	D_{HS}	Q_{HS}	(t_L)	$\bar{t}_L$	t_{min}	D_W	D_L	Z	Q_{ST}	Δt_5
1	2	3	4	5	6	7	8	9	10	11	12	13	14
1920	12. 12.	09. 12.	01. 12.	3	395	–17,7	– 5,9	– 7,5	4	11	5		7,8
1921	29. 11.	27. 11.	26. 11.	2	203	–13,3	– 6,7	– 6,7	0	3	0		8,9
1922	19. 01.	15. 01.	19. 01.	4	545	–17,5	– 4,4	– 7,5	3	0	2		10,7
1923	26. 12.	23. 12.	23. 12.	3	839	–25,8	– 8,6	– 9,8	1	3	0		10,6
1926	16. 01.	13. 01.	15. 01.	3	1020	–15,1		– 9,8	2	1	13		12,1
1927	26. 11.	21. 11.	25. 11.	5	545	–17,3	– 3,5	– 7,6	4	1	0		5,2
1928	22. 12.	19. 12.	20. 12.	3	415	–29,2	– ,7	–10,5	1	2	0		10,6
1929	25. 12.	22. 12.	24. 12.	3	378	–13,2	– 4,4	– 5,6	1	1	0		4,1
(1931	15. 02.)	05. 02.?	06. 02.	10	910	–29,1	– 2,9	– 7,7	2	9	11		5,8
1931	04. 12.	30. 11.	02. 12.	4	482	–15,2	– 3,8	– 7,2	2	2	0		8,2
1932	12. 02.	10. 02.	10. 02.	2	557	–17,1	– 8,6	– 9,0	0	2	9		4,6
1933	16. 01.	13. 01.	15. 01.	3	284	–26,5	– 8,8	–10,0	1	1	0		12,8
1933	26. 02.	17. 02.	20. 02.	9	644	–50,3	– 5,6	– 9,2	2	6	7		5,8
1933	05. 12.	03. 12.	05. 12.	2	277	–17,5	– 8,8	– 9,3	2	0	0		8,5
1934	04. 02.	02. 02.	21. 01.	2	611	–12,2	– 6,1	– 7,9	?	14	2		9,6
1935	11. 01.	09. 01.	10. 01.	2	328	–18,3	– 9,2	–10,5	1	0	0		12,2
(1935	11. 02.)	09. 02.	(06. 02.)	2	512	–14,4	– 7,2	– 7,4	–	5	8		8,1
1936	22. 02.	11. 02.	15. 02.	11	458	–21,3	– 3,0	– 9,0	4	7	39		7,3
(1937	18. 01.	15. 01.)	(16. 01.	3)	(462)	–15,0	– 5,0	– 7,3	1?	2	10		5,3
(1938	17. 12.	15. 12.)	17. 12.	2	480	– 9,3	– 4,6	– 7,1	1	0	0		12,8
1939	23. 12.	16. 12.	18. 12.	7	1190	–30,5	– 4,4	– 8,0	2	5	0		5,6
1946	17. 12.	14. 12.	15. 12.	3	600	–24,6	– 8,2	– 9,8	1	2	0		12,3
1948	24. 02.	19. 02.	19. 02.	5	1360	–44,3	– 8,9	–11,6	2	3	24		10,6
1950	24. 01.	21. 01.?	22. 02.	3	615	– 9,2	– 3,1	– 6,7	–?	2	2		0,2
1950	31. 12.	28. 12.	28. 12.	3	370	–26,7	– 8,9	– 9,8	10	4	–?		9,4
1954	06. 01.	02. 01.	30. 12.	4	236	–10,5	– 2,6	– 7,8	2	7	7	520	3,1
(1955	19. 01.	14. 01.	?)	5	722	– 3,1	– 0,6	– 2,7	?	?	2		1,9
(1956	01. 02.)	30. 01.	30. 01.	2	515	–28,1	–14,1	–16,9	0	2	0	660	16,0
(1956	31. 12.)	28. 12.	30. 12.	3	778	–20,5	– 6,8	– 8,6	2	1	0	770	8,4
(1957	20. 12.)	16. 12.	17. 12.	4	455	–22,2	– 5,6	– 8,9	1	3		640	6,3
(1958	30. 01.)	25. 01.	27. 01.	5	630?	–18,5	– 3,7	– 6,6	2	3	14	660	6,4
1959	18. 01.	12. 01.	14. 01.	6	632	–27,6	– 4,6	– 9,6	2	4	0	690	6,1
1959	14. 02.?	09. 02.	10. 02.	5	544	–30,7	– 6,1	– 7,3	–?	4	0	640	4,1
1959	10. 12.	08. 12.	09. 12.	2	240	–14,7	– 7,4	– 8,4	1	0	0	520	11,0
1960	15. 01.?	13. 01.	13. 01.	2	445	–16,7	– 8,4	–11,1	0	2	21	630	6,7
1960	04. 02.	01. 02.	02. 02.	3	464	–23,4	– 7,8	– 8,6	–?	2	9	650	10,0
1961	22. 01.	19. 01.	20. 01.	3	509	–15,2	– 5,1	– 6,6	1	2	0	640	8,3
1961	20. 12.	17. 12.	18. 12.	3	560	–21,5	– 7,2	–12,4	1	2	0	660	15,8
1962	23. 12.	21. 12.	21. 12.	2	457	–22,0	–11,0	–13,1	0	2	0	620	14,1
1963	16. 12.	13. 12.	14. 12.	3	470	–23,4	– 7,8	–11,8	1	3	0	640	6,7
1964	22. 02.	14. 02.	13. 02.	8	332	–33,2	– 4,2	– 7,7	2	9	2	710	4,7
1965	05. 03.	23. 02.	26. 02.	10	442	–39,6	– 4,0	– 5,9	3	7	8	640	4,5
1965	23. 11.	19. 11.	21. 11.	4	234	–19,9	– 5,0	– 6,7	0	2	0	560	1,1
1966	16. 01.	09. 01.	11. 01.	7	450	–32,4	– 4,6	– 6,4	1	5	35	680	3,3
1968	13. 01.	06. 01.	08. 01.	7	676	–55,6	– 7,9	–12,3	2	5	13	770	11,1
1968	16. 12.	11. 12.	14. 12.	5	435	–39,1	– 7,8	– 9,3	3	2	0	675	9,7
1969	16. 12.	08. 12.	10. 12.	8	210	–34,0	– 4,3	– 9,4	0	6	0	580	7,5
1971	04. 01.	29. 12.	01. 01.	6	504	–50,4	– 8,4	–17,6	3	3	0	705	15,5
1972	16. 01.	14. 01.	15. 01.?	2	433	–22,3	–11,2	–11,5	1	1	0	665	6,4
1972	28. 12.	23. 12.	24. 12.	5	284	–18,5	– 3,7	– 5,6	2	4	0	610	6,1

So ist es beispielsweise vorgekommen, daß sich bereits bei mittleren Lufttemperaturen von –3,1 °C in 3 Tagen (24. 01. 1950) oder –2,6 °C in 4 Tagen (06. 01. 1954) eine Eisdecke gebildet hatte, ein Bereich mit relativ milder Temperatur, bei dem sonst die Treibeisperiode vor der Eisstandsbildung wesentlich länger dauert.

Andererseits muß auch auf die Problematik der Gewinnung richtiger Zahlenwerte hingewiesen werden. Es ist beispielsweise oft unmöglich, den genauen Zeitpunkt der Bildung des Eisstandes oder die zu einem Eisstand gehörende Treibeisperiode zeitlich genau festzulegen.

So kann nachgewiesen werden, daß sich einige der in Abbildung 21 eingezeichneten „Ausreißer" nach einer Korrektur der Beobachtungsdaten wesentlich besser in das Gesamtkollektiv einfügen. Die an einigen Punkten

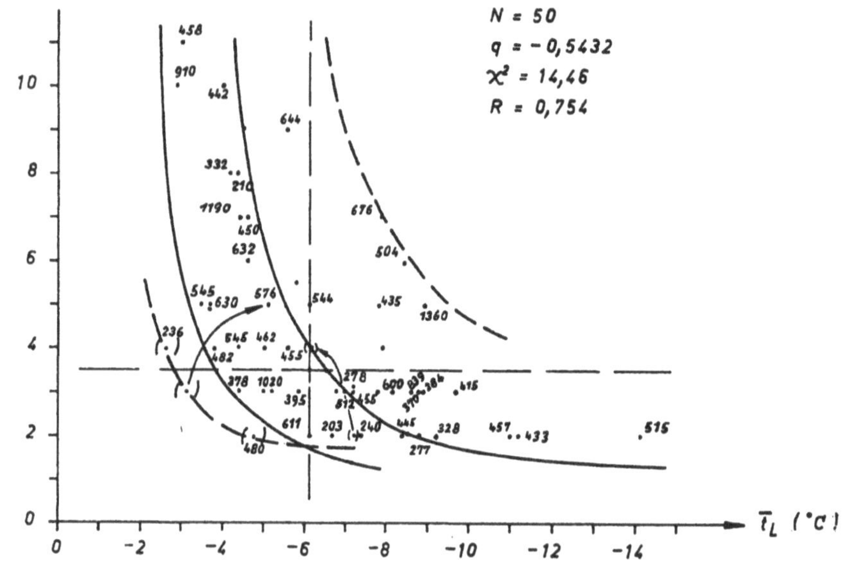

Abb. 21. Abhängigkeit der Dauer der Treibeisperioden in Hohensaaten vom Temperaturmittel

eingetragenen Durchflußwerte weisen darauf hin, daß sie zwar in manchen Einzelfällen zur Erklärung besonderer Abweichungen herangezogen werden können, doch die unterschiedlichen Werte bei benachbarten Punkten deuten eine Überlagerung durch andere Effekte an.

In Abb. 21 ist außerdem die mittlere Beziehung zwischen dem Lufttemperaturmittel und der Dauer der Treibeisperiode eingetragen. Zum Beweis, daß eine Korrelation zwischen beiden Größen existiert, wurde der Vierfelderkorrelationskoeffizient berechnet. Der χ^2-Wert des Quadrantenverhältnisses liegt dann auch mit 14,46 über der Signifikanzschranke für das 0,1%-Niveau (10,83). Die außerdem eingezeichneten „Einhüllenden" gestatten eine Aussage über die bei einem bestimmten Lufttemperaturmittel bisher beobachtete längste und kürzeste Treibeisperiode. Die gestrichelte Linie ergibt sich, wenn drei der oben besprochenen unklaren Fälle weggelassen bzw. anders berücksichtigt werden. Bei Gültigkeit dieser Kurve läßt sich der Inhalt der Abbildung wie folgt interpretieren: Liegt das Temperaturmittel über —6,0 °C, dauert die Treibeisperiode mindestens 3 Tage, liegt es über —4,5 °C mindestens 4 Tage, über —3,5 °C mindestens 5 Tage und bei einem Tagesmittel von über —2,9 °C hat sich bisher noch kein Eisstand gebildet. Bei Temperaturen von unter —8 °C ist im Mittel innerhalb von 2 bis 3 Tagen in Hohensaaten mit Eisstand zu rechnen, bei Temperaturen unter —9 °C dauerte es nach den vorliegenden Beobachtungen noch nicht länger als 3 Tage von Treibeisbeginn bis zum Eisstand.

Die beträchtliche Streuung der Einzelwerte zeigt an, daß zur Feststellung der Dauer der Treibeisperiode in Hohensaaten außer dem Lufttemperaturmittel als Maß für die Intensität der Abkühlung noch andere Faktoren eine Rolle spielen müssen. Als Ergebnis der Überlegungen des Abschnittes 8.1. und früherer Arbeiten wurden in ähnlicher Weise wie oben der Einfluß folgender Faktoren auf die Dauer der Treibeisperiode untersucht:

1. Minimaler Durchfluß am Pegel Hohensaaten in der Treibeisperiode (Q_{HS}, Spalte 6 der Tabelle 20). Es wird in der Literatur darauf hingewiesen, daß sich bei höheren Durchflüssen eher Eisstand bildet als bei niedrigen.
2. Temperatursumme ($\Sigma\, t_L$, Spalte 7 der Tabelle 20).
3. Das geringste Tagesmittel in der Treibeisperiode als Maß für die höchste Intensität der Abkühlung (t_{min}, Tabelle 20, Spalte 9).
4. Die Differenz zwischen der geringsten Tagesmitteltemperatur in der Treibeisperiode und der 5 Tage zurückliegenden (Δt_5, Tabelle 20, Spalte 14). Bei der Analyse zeigte es sich, daß in den Fällen besonders schnellen Zufrierens ein sehr kräftiger „Temperatursturz" voranging. (Am deutlichsten zu charakterisieren war dieser Temperaturabfall durch eine 5tägige Temperaturdifferenz.)

   Die physikalische Begründung hierfür ist möglicherweise im folgenden zu sehen: Bei sehr starkem Temperaturabfall bildet sich in Mündungsnähe das Eis auf statischem Wege schnell auf einer großen Fläche, und demzufolge erfolgt auch der Eiszuwachs relativ schnell. Kühlt sich die Luft jedoch langsamer ab, kann das Eis länger abgeführt werden und es dauert länger, bis der Eisstand bis Hohensaaten vorgewachsen ist.

In Tabelle 21 sind die Ergebnisse zusammengestellt.

Tabelle 21 Ergebnisse der Vierfelderkorrelation zwischen der Dauer der Treibeisperiode in Hohensaaten und einigen Einflußgrößen

	N	q	χ^2	R
$\bar{t}_L$	50	—0,543	14,46	0,754
Q_{HS}	52	0,041	2,01	0,065
Σt_L	50	0,360	6,48	0,536
t_{min}	49	0,199	1,95	0,307
Δt_5	47	0,377	6,68	0,558

Die Signifikanzschwellen für χ^2 betragen 3,84 für 5%, 6,63 für 1% und 10,83 für 0,1%. Es ist zu sehen, daß außer dem schon betrachteten Fall der Mitteltemperatur auch die linearen Beziehungen zur Temperatursumme und zur 5tägigen Temperaturdifferenz im 1-%-Niveau gesichert sind.

Obwohl sich also statistisch gesicherte Beziehungen nachweisen lassen, gelingt auch durch Kombination der Einflußgrößen keine signifikante Verminderung der Reststreuung. Die Ursachen für die unterschiedlich langen Aufbauzeiten des Eisstandes lassen sich in der vorgenommenen Form nicht befriedigend erklären.

8.3. Berechnung des Längenwachstums des Eisstandes

Wie bereits erwähnt, ist es für Fließgewässer charakteristisch, daß das Eis an bestimmten kritischen Stellen stehen bleibt und die Grenze des Eisstandes sich dann stromaufwärts fortbildet. Die Eisdecke der Oder bildet sich infolge der Abnahme der Strömungsgeschwindigkeit zuerst jenseits der Staatsgrenze im Gebiet der Einmündung der Oder in den Jeziora Dabie. Je nach Menge des ankommenden Treibeises wächst dann der Eisstand mehr oder weniger schnell nach oberhalb. Modifiziert wird dieser Aufbau der Eisdecke durch die morphologischen Eigenschaften der Fließstrecke und durch die Stärke des Durchflusses, in dem das Eis mehr oder weniger stark zusammengepreßt wird.

Die in der Zeiteinheit theoretisch mit Eis bedeckte Oberfläche ist

$$OF_{\text{Eis}} = OF \cdot n \cdot$$

($OF = b \cdot l$, b = Gewässerbreite, l = die in der Zeiteinheit überstrichene mittlere Flußbettlänge). Bei einer mittleren Strömungsgeschwindigkeit u ergäbe sich eine Wachstumsgeschwindigkeit[1] der Eisdecke von $VE^+ = u \cdot n$. Die tatsächliche Wachstumsgeschwindigkeit VE ist jedoch aus den eben angeführten Gründen wesentlich geringer.

Der Quotient $VE^+/VE = m$ wird um so größer sein, je größer der Staudruck des Wassers auf die Eisstandsgrenze (also der Durchfluß) ist. Des weiteren wird er, wenn auch in einem weit geringeren Maße von der Temperatur abhängen, da diese auch die Festigkeit mitbestimmt. Wäre der Bedeckungsgrad n mit Eis bekannt und gelänge es m zu bestimmen, ließe sich hieraus die Wachstumsgeschwindigkeit der Eisstandsgrenze berechnen:

$$VE = \frac{u \cdot n}{m}.$$

Leider läßt sich dieser Ansatz gegenwärtig am Beobachtungsmaterial der Oder nicht anwenden und modifizieren, da die vorliegenden Beobachtungen der Bedekkung mit Treibeis dies nicht zulassen. Ein Ausweg bietet sich aber in der Verwendung der Lufttemperatur an, die ja mit der Treibeisdichte korreliert ist. Der Einfluß der Durchflusse wird sich nicht so deutlich zeigen, denn er wirkt, wenn er zunimmt, über u beschleunigend und über m verzögernd auf die Eisstandsentwicklung.

Die graphischen Darstellungen des WSA-Eberswalde, die ab 1954 vorliegen, gestatten eine direkte Bestimmung des täglichen Längenwachstums des Eisstandes. Eine Gegenüberstellung mit den dazugehörigen Tagesmitteltemperaturen bestätigt zwar die gefundenen Zusammenhänge, doch ist die Streuung der Einzelwerte noch sehr groß. So ergeben sich beispielsweise bei einem starken und stetigen Kälteeinbruch zwar relativ gute Beziehungen zur Lufttemperatur, steigt aber die Temperatur nach einem Kälteeinbruch rasch wieder an, sind die Beziehungen am 1. und 2. Tage des Anstieges gestört. Es würde ein viel geringerer Eiszuwachs berechnet als beobachtet, da die Treibeisdichte, die ja hierfür verantwortlich ist, noch durch die geringen Temperaturen der Vortage bedingt ist. Es zeigte sich auch, daß die Beziehungen enger werden, wenn das Temperaturmittel des vergangenen Tages verwendet wird. (Einige der „Ausreißer" ordnen sich besser ein.) Andererseits werden plötzliche Abkühlungen etwas schlechter erfaßt. Um die Wirkung des vergangenen Zeitraumes mit zu berücksichtigen, wurde das Mittel der Lufttemperatur für den Bezugstag und einen Tag davor und den Bezugstag und 2 Tage davor gebildet. Mit dem letzten Bezugszeitraum wurde der beste Angleich an die Eisstandsentwicklung erreicht (Abb. 22).

Noch auf zwei andere Gesichtspunkte soll hier hingewiesen werden:

1. Die graphischen Darstellungen der Eisverhältnisse ergeben sich aus morgendlichen Streckenbegehungen oder -fahrten. Ist es aus irgend einem Grund nicht möglich, die Grenze des Eisstandes genau festzulegen, hebt sich dieser Fehler nach der nächsten genauen Beobachtung zwar wieder auf, doch kann dann die direkte Zuordnung zu den Lufttemperaturen zu falschen Schlußfolgerungen führen. Es wurde nun versucht, durch dreitägig übergreifende Mittelbildung der Eisstandsentwicklung diese Ungenauigkeiten etwas zu dämpfen. Diese Werte der Eisstandsentwicklung sind der Abb. 22 zugrunde gelegt. Die eingekreisten und die eingeklammerten Punkte wurden für die Ausgleichsrechnung nicht mit benutzt. Letztere stellen einige Fälle des Anwachsens des Eisstandes oberhalb der Wartamündung dar, erstere immer den ersten Tag des Beobachtens von Eisstand überhaupt. Diese Beobachtungen beinhalten auch diejenigen jenseits der Staatsgrenze, in den letzten Jahren bis zum Stromkilometer 740. Da offenbar nicht immer ausreichende Beobachtungen zur Verfügung standen, schien der dem 1. Tag zuzuordnende Eiszuwachs mitunter etwas unsicher (zu groß). Andererseits ist auch verständlich, daß in der Nähe der Mündung der Eisstand schneller voranwächst als weiter oberhalb, da in Mündungsnähe die Strömungsgeschwindigkeit abnimmt. Dies könnte ein Hinweis sein, derartige Untersuchungen künftig abschnittsweise zu betreiben.

[1] Der Begriff „Wachstumsgeschwindigkeit" (der Eisdecke) wird im folgenden synonym mit dem Begriff „Eisstandsentwicklung" verwendet und stellt die in der Zeiteinheit veränderte Lage der Grenze des Eisstandes dar.

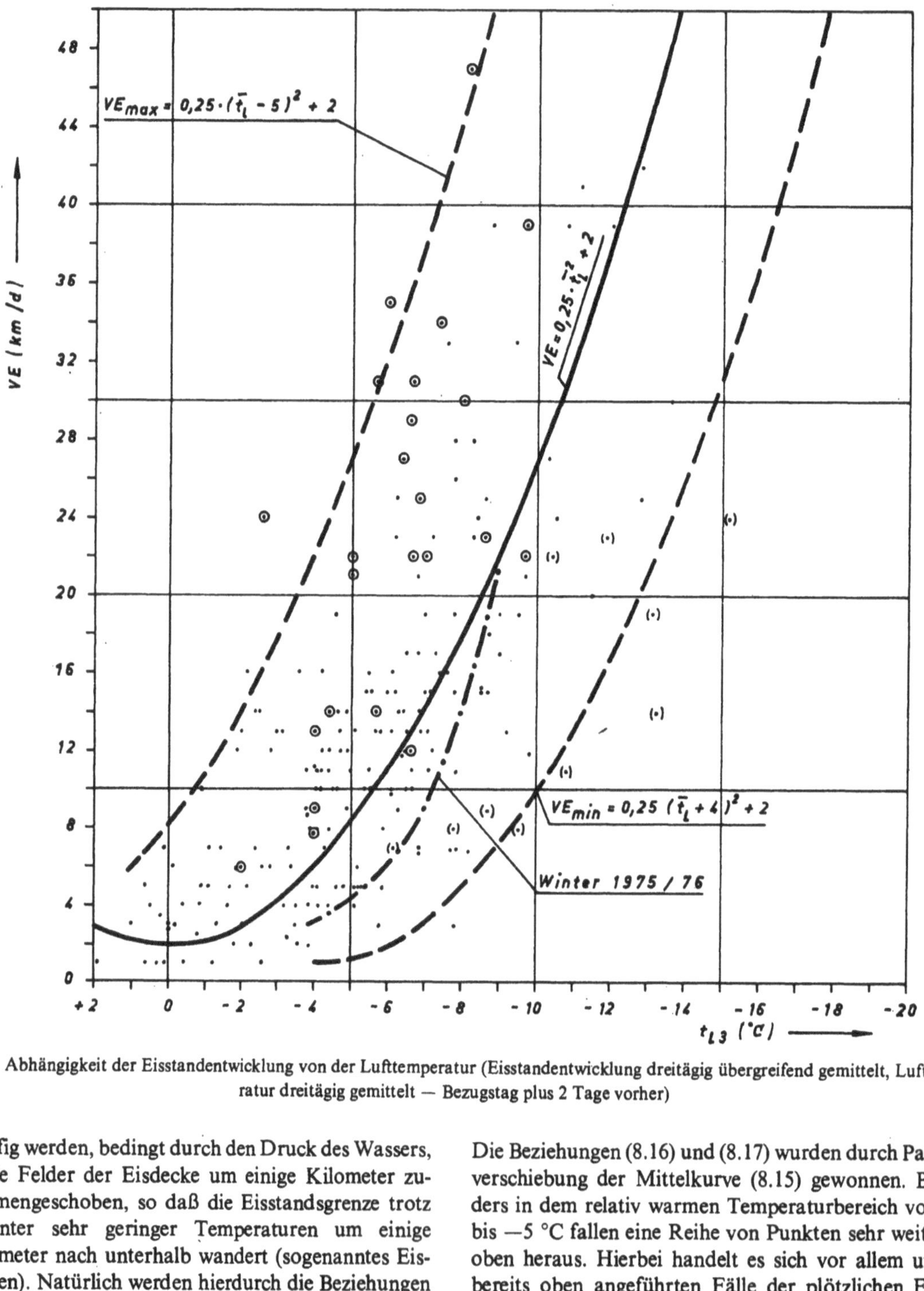

Abb. 22. Abhängigkeit der Eisstandentwicklung von der Lufttemperatur (Eisstandentwicklung dreitägig übergreifend gemittelt, Lufttemperatur dreitägig gemittelt — Bezugstag plus 2 Tage vorher)

2. Häufig werden, bedingt durch den Druck des Wassers, große Felder der Eisdecke um einige Kilometer zusammengeschoben, so daß die Eisstandsgrenze trotz mitunter sehr geringer Temperaturen um einige Kilometer nach unterhalb wandert (sogenanntes Eisrücken). Natürlich werden hierdurch die Beziehungen zwischen der Lufttemperatur und dem Eisstandswachstum verfälscht und zwar in einer gegenwärtig nicht zu berücksichtigenden Art und Weise. Hierzu wären Beobachtungen des Eisrückens und das Ableiten von Beziehungen zum Durchfluß und zur Festigkeit der Eisdecke notwendig.

Die Ausgleichskurven der Abb. 22 lauten:

$$\overline{VE} = 0,25 \cdot t_{L3}^2 + 2, \qquad (8.15)$$

$$VE_{\min} = 0,25 \cdot (t_{L3} + 4)^2 + 1, \qquad (8.16)$$

$$VE_{\max} = 0,25 \cdot (t_{L3} - 5)^2 + 2. \qquad (8.17)$$

Die Beziehungen (8.16) und (8.17) wurden durch Parallelverschiebung der Mittelkurve (8.15) gewonnen. Besonders in dem relativ warmen Temperaturbereich von —1 bis —5 °C fallen eine Reihe von Punkten sehr weit nach oben heraus. Hierbei handelt es sich vor allem um die bereits oben angeführten Fälle der plötzlichen Erwärmung nach sehr kalter Witterung. Insgesamt beträgt die Standardabweichung zwischen beobachteter und berechneter Wachstumsgeschwindigkeit $s = \pm 6,4$ kmd^{-1},

$$\left(s = \sqrt{\frac{(VE_{\text{ber}} - VE_{\text{beob}})^2}{n - 2}}\right).$$

Wegen der insgesamt verbesserten Grundlage wird die Beziehung (8.15) zur Anwendung empfohlen, wobei zu beachten ist, daß es sich hierbei um ein um 2 Tage erweitertes Temperaturmittel, also dreitägiges Temperaturmittel handelt. Das Verfahren hat den Vorteil, daß die täglichen Beobachtungen ständig eine Korrektur ermöglichen, so daß systematische Abweichungen nicht so zum Tragen kommen. Seine Anwendung wird im nächsten Abschnitt erläutert.

Durch die Berücksichtigung des Durchflusses läßt sich die Punktwolke nicht weiter systematisieren, obwohl es den Anschein hat, daß bei niedrigeren Durchflüssen (etwa 240 $m^3 s^{-1}$) die Kurve weiter links und bei extrem hohen Durchflüssen (etwa 800 $m^3 s^{-1}$) weiter rechts von der Mittelkurve liegt. In der Literatur wird allgemein eine Verlängerung der Zeit für die Bildung von Eisstand mit wachsendem Durchfluß angegeben, weil durch den höheren Staudruck das Eis stärker zusammengedrückt wird. Andererseits bewirkt ein hoher Durchfluß auch ein schnelleres Heranführen des Treibeises, so daß die verzögernde Wirkung wieder aufgehoben wird. Durch diese sich widersprechenden Wirkungen gelingt durch die Hinzunahme des Durchflusses keine Systematisierung. Eine Verbesserung läßt sich hier nur erreichen, wenn es möglich wird, genügend Fälle mit gleichem Abkühlungsverhalten und Treibeisdichte bei unterschiedlichem Durchflußverhalten auszusondern.

9. Berechnung der Eisbildung im Winter 1975/76

9.1. Beschreibung des Verlaufs der Lufttemperatur und der Eisverhältnisse

Anfang November lagen die Tagesmitteltemperaturen bei $\bar{t}_L \approx 5$ °C mit Maximalwerten um $t_{max} \approx 10$ °C und Minimalwerten $t_{min} \approx 2$ °C. Die Temperaturen sanken dann etwa kontinuierlich ab, um am 22. 11. negative Werte zu erreichen (siehe Tabelle 22). Nach dem 26. 11. stiegen die Temperaturen wieder auf positive Werte an. In dieser Zeit wurde am 25. mit —6,0 °C das niedrigste Tagesmittel bestimmt, die tiefste Temperatur überhaupt betrug —8,5 °C, gemessen am 26. 11. Der darauf folgende Temperaturanstieg setzte sich bis zum 6. 12. mit Tagesmitteltemperaturen von etwa 6 °C fort. Danach sanken die Temperaturen am 11. 12. wieder unter null Grad ab, wobei insgesamt aber nicht so tiefe Werte erreicht wurden wie im November ($\bar{t}_L = -1,8$ °C bis —4,5 °C; $t_{min} = -7,9$ °C; $t_{max} = 1,4$ °C). In der Zeit vom 21. 12. 1975 bis zum 23. 1. 1976 herrschten meist Temperaturen zwischen 0 und 6 °C, in einzelnen Nächten traten negative Temperaturen auf. Der eigentliche Kälteeinbruch erfolgte am 24. 1. 1976 und hielt bis zum 9. 2. an. Die Temperaturen sanken schnell auf Werte unter —10 °C und erreichten mit —13,1 °C am 2. 2. ihr Minimum. Die Tagesmitteltemperaturen lagen in der Zeit vom 26. 1. bis 4. 2. zwischen —6 und —10 °C. Nach dem 10. 2. trat dann eine Witterungsperiode mit Lufttemperaturen um null Grad ein.

Während in der Kälteperiode des November und Dezember kein oder nur wenig Eis beobachtet wurde, bildete sich am 27. 1. auf dem gesamten Abschnitt Treibeis, welches dann zu der ebenfalls in der Tabelle 22 mitgeteilten Eisstandsentwicklung führte.

9.2. Anwendung und Überprüfung der Berechnungsverfahren

Im weiteren soll zunächst die Entwicklung der Wassertemperaturen und der Eisbildung in den drei Perioden mit negativen Lufttemperaturen und daran anschließend die vorn vorgestellten Verfahren zur Eisstandsbildung geprüft werden:

a) Nach dem Verfahren zur Berechnung von Treibeis nach SCHULJAKOVSKI wird in der Zeit vom 26. bis 28. November Treibeis berechnet, obwohl keines beobachtet wurde. Im Dezember wurde vom 19. bis 21. Eis beobachtet und vom 18. bis 20. berechnet. Der Beginn der Treibeisperiode am 28. Januar wurde richtig am gleichen Tage berechnet (vergleiche Tabelle 22).
b) Der Eisstand bildete sich am Stromkilometer 740 am 30. 1. und wuchs dann entsprechend den in der Tabelle 22 (Spalte Eis beobachtet und ΔE) angegebene Entfernungen nach oberhalb und erreichte am 4. Januar also nach 5 Tagen Hohensaaten. Mit Abb. 21 würde die Treibeisperiode in Hohensaaten mindestens 2 bis 3 Tage, höchstens aber 6 Tage dauern. Da in der betrachteten Periode die Wasserführung sehr groß war, scheint erklärlich, daß die tatsächlich beobachtete Dauer sich dem Maximalwert nähert.

Die im vorigen Abschnitt beschriebene Methode, mit Hilfe der Abb. 22 das Längenwachstum des Eisstands zu verfolgen, liefert auch ein schnelleres Zuwachsen als beobachtet wurde. Die gemessenen und berechneten Zuwachsraten pro Tag sind in der Tabelle 22 ebenfalls mitgeteilt. Auch dieses scheint eine Ursache des übernormal hohen Durchflusses zu sein. Nach den Berechnungen hätte der Eisstand in der Nacht vom 2. zum 3. Februar Hohensaaten erreicht, tatsächlich war es am 3. 2. um 11 Uhr und wäre am 9. 2. bis zum Kilometer 595 vorgedrungen, beobachtet wurde er jedoch an diesem Tage erst am Kilometer 635. Der Fehler würde geringer werden, wenn der berechnete Eiszuwachs immer zu den letzten Beobachtungen addiert würde.

Das systematisch schnellere Anwachsen des Eisstandes im Winter 1975/76 erhärtet die weiter oben getroffene Vermutung, daß bei extremen Durchflußsituationen die mittlere Kurve der Abb. 22 nach links bzw. bei Hochwasser nach rechts verschoben werden kann.

9.3. Schlußfolgerungen

Aufbauend auf theoretischen Überlegungen und dem Studium der internationalen Literatur wurden Verfahren zur Vorhersage von Eisstand nach zwei Gesichtspunkten untersucht:

Tabelle 22 Temperatur-, Wind-, Durchfluß- und Eisverhältnisse (beobachtet und gemessen) für einige Perioden des Winters 1975/76

	November 1975							Januar 1976						$\Delta E_{beob.}$	t_{L3}	ΔE_{ber}
	t_L	v_{10}	Q_{EH}	t_w^{EH}	Eis beob.	Eis ber.		t_L	V_{10}	Q_{EH}	t_w^{EH}	Eis beob.	Eis ber.			
21.	1,1	6,7	208	4,5	—	—	24.	−2,0	3,5	850	2,1	—	—			
22.	−1,3	5,2	216	3,6	—	—	25.	−4,9	1,2	835	1,9	—	—			
23.	−4,0	1,4	232	2,4	—	—	26.	−6,1	3,2	835	0,8	—	—			
24.	−4,1	3,0	259	1,6	—	—	27.	−7,4	1,5	805	0,1	—	—			
25.	−6,0	3,5	245	1,2	—	—	28.	−8,6	1,6	787	0,1	06	06			
26.	−4,5	4,1	247	0,4	—	05	29.	−6,3			0,1	06	06			
27.	−1,4	3,4	242	0,6	—	05	30.	−8,4				727	723	13	−7,8	17
28.	+2,3	5,4	232	0,8	—	05	31.	−8,8				714	706	13	−7,8	17
29.	5,6	5,4	225	1,6	—	—										
30.	2,1	1,6	226	2,1	—	—										

1. Vorhersage an einem bestimmten festen Profil (Hohensaaten): Die besten Beziehungen zur Dauer der Treibeisperiode bis zum Eisstand ergaben sich mit dem Mittel der Lufttemperatur, mit der Temperatursumme und den 5tägigen Differenzen der Lufttemperatur. Insgesamt gesehen ist die Streuung der Einzelwerte noch zu groß — eine weitere Systematisierung gelingt nicht. Auch die Methode, über die Abhängigkeit der Temperatursumme (vom Beginn der Treibeisbildung bis zum Eisstand) vom Durchfluß die Eisstandsbildung vorherzusagen, bringt keine sehr genauen Aussagen. Verbesserungen wären möglich, wenn die Treibeisdichte im stärkeren Maße mit einbezogen werden könnte.
2. Erfolgversprechender ist es jedoch, die Eisstandsentwicklung längs des Flusses zu verfolgen und die nachgewiesene Beziehung zur Lufttemperatur zu Vorhersagezwecken auszunutzen. Hierdurch bietet sich auch die Möglichkeit, aktuelle, nicht durch die Lufttemperatur erfaßte Prozesse zumindest qualitativ zu berücksichtigen und die Vorhersage laufend zu aktualisieren und zu verbessern.

Der tägliche Zuwachs ergibt sich somit mit Hilfe der Gleichung (8.15) aus dem Mittel der Lufttemperatur des Vorhersagetages, des aktuellen Tages und der Prognose für den Folgetag.

Um die Berechnungsmethoden weiter zu verfeinern, sollten vor allem die Treibeisdichte möglichst genau bestimmt und die Beziehungen zu meteorologischen Größen einerseits sowie zur Eisstandsentwicklung andererseits weiter untersucht werden. Eine Unterteilung in leichtes, mittleres und dichtes Treibeis erscheint ausreichend. Wichtiger ist es, die Entwicklung der Treibeisdichte und des Eisstandes längs des Wasserlaufes etwas genauer zu erfassen.

Abschließend ist es dem Bearbeiter ein Bedürfnis, den Mitarbeitern der Wasserwirtschaftsdirektion Spree — Oder — Neiße, Herrn Dipl.-Ing. Wiesner und Herrn Dipl.-Ing. Helmholz, des Wasserstraßenamtes Eberswalde, Herrn Ing. Krüger sowie Herrn Ing. Ciesla von der Wasserstraßeninspektion Berlin für die Hilfe bei der Beschaffung und Aufbereitung des Datenmaterials, aber auch für die vielen kritischen und helfenden Diskussionen zu danken.

10. Zusammenfassung

Nach einer Einschätzung des volkswirtschaftlichen Bedarfs an Aussagen über Kennwerte der Eisverhältnisse wird wegen der besonderen Bedeutung und Gefährdung der Oder (Strecke Neißemündung — Wehr Widuchova) das hierfür vorliegende Beobachtungsmaterial nach folgenden Gesichtspunkten ausgewertet:

1. In einem statistischen Teil erfolgen Repräsentativitätsuntersuchungen für 5 meteorologische Stationen im Osten der DDR sowie die Anfertigung und häufigkeitsstatistische Auswertung 70jähriger „Eiskalender“ für 3 Oderpegel.
2. Im Hauptteil der Arbeit wird aufbauend auf die Methode von Schuljakovski ein Modell zur Vorhersage von Treibeis auf der Oder abgeleitet. Es beruht auf Beobachtungen des Wasserstandes und der Wassertemperatur sowie auf der Prognose der Lufttemperatur und der Windgeschwindigkeit. Eine Überprüfung des Verfahrens anhand zurückliegender Beobachtungen ergab, daß bei einer Fehlergrenze von ± 1 Tag in 87% der Fälle der Beginn der Treibeisbildung richtig berechnet wurde.
3. Eine Prognose des Eisstandes wird mit Hilfe empirischer Beziehungen zur Intensität der Abkühlung versucht. Die besten Ergebnisse verspricht die Anwendung der ermittelten Abhängigkeit des täglichen Fortschreitens der Eisstandsgrenze von der Lufttemperatur.

	Dezember 1975							Februar 1976						ΔE_{beob}	t_{L3}	ΔE_{ber}
	t_L	v_{10}	Q_{EH}	t_w^{EH}	Eis			t'_L	v'_{10}	Q_{EH}	t_w^{EH}	Eis				
					beob.	ber.						beob.	ber.			
11.	−0,8	2,4	245	3,2	—	—	1.	−9,8				696	684	18	−9,0	22
12.	−0,8	4,0	242	2,8	—	—	2.	−7,4				670	663	26	−8,7	21
13.	+1,0	3,0	252	2,5	—	—	3.	−6,4				659	645	11	−7,9	18
14.	−1,2	5,5	262	2,4	—	—	4.	−7,0				652	631	7	−6,9	14
15.	−3,8	2,5	236	1,4	—	—	5.	−4,0				648	621	4	−5,8	10
16.	−3,0	5,4	240	1,2	—	—	6.	−4,5				642	612	6	−5,2	9
17.	−1,8	7,4	232	1,0	—	—	7.	−3,2				640	606	2	−3,9	6
18.	−4,2	6,2	223	0,4	—	05	8.	−4,1				638	600	2	−3,9	6
19.	−4,4	7,7	220	0,1	05	05	9.	−3,2				635	595	3	−3,5	5
20.	−0,8	7,1	208	0,1	05	05										
21.	+2,9				05	—										

Summary

The requirement of the national economy for information on ice conditions is assessed, and the relevant available observational data, on account of the particular significance of the Oder river and its exposed position (from the Neiße river mouth to Widuchova mole) has been evaluated in the following way:

1. A statistical part includes studies on the representativity for 5 meteorological stations in the east of the GDR and the preparation and frequency statistics of a 70-year ice calendar for 3 Oder river gauges.
2. Following the Shulyakovski method, the chief part of the paper contains a model to serve the prediction of drifting ice on the Oder river. The model utilises observations of the water level and of the water temperature and makes use of the prediction of air temperature and wind speed. The verification of the method with reference to earlier observations shows that within an error limit of ±1 day the beginning of the drifting ice can be calculated in 87 per cent of the cases.
3. An attempt to predict the ice development is made using empirical relations to the cooling intensity. Most useful results are expected from application of the calculated dependence of the diurnal ice development on the temperature of the air.

Резюме

После оценки потребности народного хозяйства в сведениях о показателях ледовых условий из-за особого значения и высокой степени опасности реки Одера (участка от устья реки Нейссе до водослива у Видуховы) имеющиеся для этого материалы наблюдений обрабатываются по следующим точкам зрения:

1. В статистической части проводятся исследования репрезентативности по 5-и метеорологическим станциям, расположенным во восточной части ГДР, а также составление и частотно-статистическая обработка 70-летних „календарев о ледяных условиях“ по 3-м футштокам реки Одера.
2. В главной части работы на основе метода Шуляковского выводится модель прогноза плавучего льда на реке Одере. Она основывается на наблюдениях уровня воды и температуры воды, а также на прогнозе температуры воздуха и скорости ветра. Проверка этого метода по данным ранних наблюдений показала, что при допустимом пределе погрешности ±1 день в 87% случаев срок начала образования плавучего льда рассчитывался правильно.
3. Предпринимается попытка составления прогноза ледостава с помощью эмпирических связей с интенсивностью охлаждения. Наиболее правильные результаты обещает применение установленной зависимости ежедневного перемещения границы ледостава от температуры воздуха.

11. Literaturverzeichnis

Afanas'ev, A. I.: Rasčet vremeni pojavlenija l' da na nižem dunae. III. Intern. Konferenz der Hydrologischen Vorhersagen der Donauländer, Bukarest 1965.

Autorenkollektiv: BESM-Informationen: Die Arbeit mit dem Betriebssystem der BESM 6, Programmierkurs, Teil V. Herausgg. vom Zentrum für Rechentechnik der AdW, Berlin 1973

Barg, B.: Temperaturverteilung in einer turbulenten Strömung in Abhängigkeit von meteorologischen Bedingungen Acta Hydrophysica **XI** (1966) H. 1.

Böer, W.: Vorschlag einer Einteilung des Territoriums der DDR in Gebiete mit einheitlichem Großklima. Zeitschr. Meteor. **17** (1965) H. 9—12, S. 267—275.

Bolz, H. M.; Falkenberg, G.: Neubestimmung der Konstanten der Angströmschen Strahlungsformel. Zeitschr. Meteor. **3** (1949) H. 4, S. 97—100.

Bolz, H. M.; Fritz, H.: Tabellen und Diagramme zur Berechnung der Gegenstrahlung und Ausstrahlung. Zeitschr. Meteor. **4** (1950) H. 10.

Braslavskij, A. P.; Vilkulina, Z. A.: Normy isparenija s poverchnosti vodochranilišč. Gidrometeoizdat, Leningrad 1954.

Ciesla, W.: Ein Beitrag zum Eisregime der Oder mit prognostischer Aussage. Wasserwirt.-Wassertechn. **19** (1969) H. 6, S. 188 bis 195.

Collmann, W.: Idealwerte der Globalstrahlung. Ann. Meteor., (1953/54) H. 3/4, S. 117—122.

Correns, M.: Eisverhältnisse des Peenestrom-Haffgebietes — Ein Beitrag zur Hydrographie der Gewässer an der südlichen Ostsee. Petermanns Geogr. Mitteil., Gotha/Leipzig, **117** (1973) S. 268—278.

Devik, O.: Thermische und dynamische Bedingungen der Eisbildung in Wasserläufen. Geof. Publ., Oslo, **IX** (1932) Nr. 1.

Devik, O.: Über die Eisbildung eines Wasserlaufes und ihren Einfluß auf das Längsprofil. Dt. Wawi, **28** (1933) H. 10, S. 201—223.

Dirmhirn, I.: Einiges über die Reflexion der Sonnenstrahlung an verschiedenen Oberflächen. Wetter u. Leben **5** (1953) S. 86.

Dončenko, R. V.: Charakteristika teplopoter' nekotorych šugonosnych rek v period zamerzanija. Trudy GGI, v. (93) Gidrometeoizdat, Leningrad, 1962, S. 67—74.

Eckel, O.; Reuter, H.: Zur Berechnung des sommerlichen Wärmeumsatzes in Flußläufen. Geografiska Analer, Stockholm, **XXX**, (1950) H. 3—4, S. 188—209.

Efremova, N. D.: Short-range forecasting of floating ice in lakes and reservoirs. Proceedings Banff Symposia, UNESCO-WMO-IAHS 1972.

Ertel, H.: Über den Einfluß des Anstaus von Flüssen auf die Eisbildung. Wasserwirtschaft, H. 1 (1967) S. 19—25.

Fortak, H.: Zur allgemeinen Berechnung von Suspensionsverteilungen in turbulenten Strömungen. Gerl. Beitr. Geoph. **66** (1957) H. 1, S. 65—78.

Flinspach, D.; Fleig, H.: Die Aufstellung von Wärmelastplänen durch rechnerische Simulation der Wärmeaustauschvorgänge — dargestellt am Beispiel des Wärmelastplanes Rhein —. Wasserwirt. **62** (1972) H. 5, S. 127—132.

Freydank, E.: Die Verdunstung der Talsperren Spremberg und Pöhl. Wasserwirt.-Wassertechn. **21** (1971) H. 8, S. 270—275.

Gelinsky: Eisverhältnisse auf dem Rhein. Wawi **41** (1951) Nr. 6, S. 143—146.

Goedecke, E.: Über den Zusammenhang zwischen Eis- und Kältesumme sowie Oberflächentemperatur in der Elbe- und Wesermündung während der Winter 1903—1950. Ann. d. Meteor. **6** (1953/54) H. 5/6, S. 151—163.

Goedecke, E.: Hydrographische Betrachtungen über die regionale Verteilung der mittleren Eisvorbereitungs- und Eisabschmelzzeit in der Deutschen Bucht und der westl. Ostsee mit Karten. Dt. Hydrogr. Zeitschr. **11** (1958) H. 1, S. 1—22.

Gröber; Erg; Grigull: Die Grundgesetze der Wärmeübertragung, Springer-Verlag, Berlin/Göttingen/Heidelberg 1955.

Hahn, A.: Uferlinien-Wasserstand- und Eisstatistik norddeutscher Gewässer. Bes. Mitt. z. Dt. Gewässerkundl. Jahrb., Nr. 6 (1952).

Helmholz, K.: Ermittlung der Fließzeiten der Grenzoder auf der Strecke Neißemündung — Schwedt/Oderbrücke in Abhängigkeit vom Durchfluß der Oder. Persönliche Mitteilung 1971.

Horvath, S.: Der Zusammenhang zwischen der Morphologie der Flüsse und deren Eisverhältnisse, dargestellt am Beispiel der Donau. Mitteilungsblatt Hydr. Dienst Österreichs, Wien, 43 (1966) S. 1—40.

Hupfer, P.: Über den langjährigen Gang der Eisverhältnisse der südlichen Ostseeküste und ihren Zusammenhang mit rezenten Klimafluktuationen. Angewandte Meteor., Beihefte Zeitschr. Meteor., **5** (1967) H. 7/8, S. 241—250.

Kirillova, T. V.: Radiacionnyj režim ozer i vodochranilišč. Gidrometeoizdat, Leningrad 1970.

Krause, W.: Voruntersuchungen über die Bemessung von Regelquerschnitten für die Niedrigwasserregelung der Oder unter Berücksichtigung der Stabilität des Flußbettes. Diplomarbeit, TU Dresden, 1967.

Lauber, R.: Die Vereisung der Ostsee und die Folgemaßnahmen im Bereich der Schiffahrt. Veröffentl. Geophys. Inst. Karl-Marx-Universität, Leipzig, **19** (1970) H. 4, S. 339—445.

Laszloffy, W.: Die Eisverhältnisse der Donau. Dt. Gewässerkundl. Mitt., Sonderheft (1967) S. 52—57.

Laszloffy, W.; Szesztay, K.: Vorhersage der Eisverhältnisse in Flüssen mit besonderer Berücksichtigung der Donau. II. Konferenz der Donauländer f. hydrol. Vorhersagen, Wien 1964.

Leopold, M.; Rüdiger, A.: Zur Anwendung von Reduktionsverfahren für die Ermittlung des Durchflusses unter Eis. Bes. Mitt. z. Gewässerkundl. Jahrb. der DDR, Nr. 7 (1967).

Lityńska, Z.: Prognosza poczatku zamarzania jeziora mikołajskiego. Wiadomości Sluzby Hydrologicznej i Meteoroloicznej, Tom I (XIII) (1965) S. 1—13 (poln.)

Lityńska, Z.: Forecast of the Mazurian Lake District Freeze. Proceed. Symposia Garda, IASH 1966.

Meteorologischer Dienst der DDR: Klimatologische Normalwerte für das Gebiet der DDR (1901—1950). Akademie-Verlag, Berlin 1961.

Mita, P.: Die Vorhersage des Datums der Eisstandserscheinungen auf der unteren Donau. III. Internationale Konferenz der hydrologischen Vorhersagen der Donauländer; Bukarest 1965.

Niesche, H.: Analyse der hydrologischen und meteorologischen Verhältnisse für den Binnenwasserstraßentransport in der DDR. Diplomarbeit an der Hochsch. f. Verkehrswesen, Dresden 1968.

Olberg, M.: Veränderungen der Erhaltungsneigung in meteorologischen Zeitreihen durch übergreifende Mittelbildung. Zeitschrift f. Meteorol. **22** (1971) S. 194—200.

Olberg, M.: Bemerkungen zur Verwendung der effektiven Anzahl unabhängiger Stichprobenwerte bei statistischen Testverfahren in der Meteorologie und Geophysik. Gerlands Beitr. Geophys. **81** (1972) S. 57—64.

Petersson, H. v.: Zum Problem der rechtzeitigen Erkennung des Ausmaßes der hochwinterlichen Vereisung der Ostseehäfen der DDR. Wasserwirt.-Wassertechn., Berlin, **16** (1966) H. 9, S. 307 bis 311.

Proskurjakov, B. V.; Bibikov, D. N.: Metod prognoza temperatury vody v estestvennych vodoemach. Izv. n.-i. in-ta gidrotechniki, no. 16 (1935); (zitiert bei Schuljakovski 1960).

Richter, D.: Ergebnisse von Vergleichsmessungen mit Floßverdunstungskesseln auf dem Stechlinsee. Wasserwirt. — Wassertechn. **17** (1967) H. 7, S. 239—242.

Richter, D.: Ein Beitrag zur Bestimmung der Verdunstung von freien Wasserflächen, dargestellt am Beispiel des Stechlinsee. Abh. des MD der DDR, Nr. 88 (Bd. XI), Berlin 1969.

Rymša, V. A.: Metodika rasčeta stoka šygi. Trudy GGI, v. 55 (109) Gidrometeoizdat, Leningrad 1956, S. 70—93.

Rymša, V. A.: Raspredelenie tepla kristallizacii pereochlaždennoj vody po glubine v potokach i vodoemach. Trudy GGI, v (93) Gidrometeoizdat, Leningrad 1962, S. 40—51

Rymša, V. A.; Dončenko, R. V.: Metod rasčeta (prognoza) uslovij obrazovanija vnutrivodnogo l' da. Trudy GGI, v. (93) Gidrometeoizdat, Leningrad 1962, S. 52—63

Rymša, V. A.; Dončenko, R. V.: Charakteristiki uslovij obrazovanija i rosta l' da pri bystrom zamerzanii rek i vodochranilišč. Trudy GGI, v. (110) Gidrometeoizdat, Leningrad 1964, S. 22—34

Rymša, V. A.; Dončenko, R. V.: Issledovanija i rasčety zamerzanija rek i vodochranilišč. Trudy GGI, v. (129) Gidrometeoizdat, Leningrad 1965, S. 3—18.

SAJKOV, B. D.: Isparenie s vodnoj poverchnosti prudov i malych vodochranilišč na territorii SSSR. Trudy GGI, v. 21 (75) Gidrometeoizdat, Leningrad 1949.

SEROVA, N. V.; ZINČENKOV, G. S.; SEMENOV, E. F.: Eksperimental'naja ocenka veličin teploobmena v grunte vodoema. Trudy GGO, v. (187) Gidrometeoizdat, Leningrad 1966, S. 159—162.

SCHÖNERMARK, E. V.; WUCHOLD, H.; FREYDANK, E.: Methodische Untersuchungen zur Berechnung der Globalstrahlung. Zeitschr. f. Meteor. 23 (1973) H. 9/10, S. 255—267.

SCHULJAKOVSKI, L. G.: Rasčet pojavlenija l' da na rekach v estestvennych uslovijach i v uslovijach regulirovanija stoka. Trudy III. Vsesojuznogo gidrologičeskogo s'ezda, tom III, gidrometeoizdat, Leningrad 1959.

SCHULJAKOVSKI, L. G.: Pojavlenie l' da i načalo ledostava na rekach, ozerach i vodochraniliščach. Gidrometeoizdat, Moskva 1960.

SCHULJAKOVSKI, L. G.: Formula dlja rasčeta isparenija s učetom temperatury svobodnoj poverchnosti vody. Trudy Glavn. Upravl. GMS SSSR, v. 53, Gidrometeoizdat, Leningrad 1969, S. 3—12.

SCHULJAKOVSKI, L. G.; ANDRIANOVA, G. A.; BUSURINA, V. M.; ZVJAGOL'SKAJA; G. A.: Rasčet temperatury vody v period osennego ochlaždenija. Trudy Glavn. Upravl. GMS SSSR, v. 53, Gidrometeoizdat, Leningrad 1969, S. 14—24.

SPERLING, W.: Die langjährigen Eiserscheinungen der Memel mit Eiskalender 1811/1944. Mitt. d. Bundesanstalt f. Gewässerkunde, Nr. 81 (1956) S. 2—11.

SPERLING, W.: Vergleich der Eiserscheinungen in der Memel und der ungarischen Donaustrecke zwischen Budapest und Mohass in den Jahren 1900—1944. Mitt. d. Bundesanst. f. Gewässerkunde, Nr. 85 (1957) S. 5—8.

STAN, M.: Die kurzfristige Vorhersage der Eisverhältnisse auf der rumänischen Strecke der Donau. III. Internationale Konferenz der hydrologischen Vorhersagen der Donauländer; Bukarest 1965.

SWAROWSKY, A.: Die Eisverhältnisse der Donau in Bayern und Österreich von 1850—1890. Arbeiten des Geogr. Inst. der K. K. Uni. Wien, V (1891) H. 1, S. 1—68.

TAUBENHEIM, J.: Statistische Auswertung geophysikalischer und meteorologischer Daten. Leipzig 1969.

TAUBENHEIM, J.: Zur Berücksichtigung der Autokorrelation bei statistischen Tests von Durchschnitten, Streuungen und überlagerten Stichtagen. Gerlands Beitr. Geophys. 83 (1974) S. 121 bis 128.

TAUBENHEIM, J.: Zur Berücksichtigung der Autokorrelation bei der statistischen Signifikanzprüfung von Korrelationen zwischen zwei Zeitreihen. Gerlands Beitr. Geophys. 83 (1974) S. 412—416.

UNESCO-WMO-IAHS: The role of snow and ice in hydrology. Proceedings of the Banff Symposia, Banff-Canada 1972.

VILKNER, H.: Diagramm zur Bestimmung des Fehlers beim Mitteln von Windstärken in Beaufort. Zeitschr. Meteor. 7 (1953) H. 8, S. 225—237.

VÖLK, J.: Die Eisverhältnisse der Donau und der übrigen Gewässer Bayerns, insbesondere im Winter 1962/63. Dt. Gewässerkdl. Mitt., Koblenz (1967) S. 72—77.

ZELLER, J.: Die Regime-Theorie, eine Methode zur Bemessung stabiler Flußregime. Schweizerische Bauzeitung 83 (1965) H. 5, S. 67—72; H. 6, S. 87—93.

CIP: Rukovodstvo po gidrologičeskim prognozam. v. 4, Prognozy ledovych javlenij na rekach i vodochraniliščach. Gidrometeoizdat, Leningrad 1963

... Jahrbuch für die Gewässerkunde Norddeutschlands, 1900—1936. Berlin.

... Jahrbuch für die Gewässerkunde des Deutschen Reiches, 1937 bis 1939. Berlin.

... Deutsches Gewässerkundliches Jahrbuch, 1940—1958. Berlin.

... Gewässerkundliches Jahrbuch der DDR, 1959—1965. Berlin.

... Rocznik Hydrograficzny. Odra i Wisla, 1946—1955. Warszawa.

... Anleitung für die Eisbeobachtungen an den Binnenwasserstraßen der DDR sowie Berichterstattung der Verkehrs- und Winterbedingungen. Ministerium für Verkehrswesen, Hauptverwaltung der Wasserstraßen und der Binnenschiffahrt, 1973.

12. Liste der verwendeten Symbole

A	langwellige Ausstrahlung	(Joule $cm^{-2} d^{-1}$);
	Austauschtensor	
A_z	Austauschtensor in z-Richtung	
B	Bedeckungsgrad in Zehnteln;	
	Bestimmtheitsmaß	
B_I	inneres Bestimmtheitsmaß	
D	Zeitdauer	(d)
E	effektive Ausstrahlung	(Joule $cm^{-2} d^{-1}$);
	Sättigungsdampfdruck	(hPa)
E'	effektive Ausstrahlung bei Gleichheit von Luft- und Wasseroberflächentemperatur	
F	Querschnittsfläche des Gewässers	(m^2);
	statistische Prüfgröße;	
	Verteilungsfunktion	
G	Gegenstrahlung der Atmosphäre	(Joule $cm^{-2} d^{-1}$)
H	Wasserstand	
H_{min}	minimaler Wasserstand	(cm)
I	Wasserspiegelgefälle	
J	Idealwerte der Globalstrahlung	(Joule $cm^{-2} min^{-1}$)
J_0	Solarkonstante = 1,995	(Joule $cm^{-2} min^{-1}$)
K	Autokorrelationsfunktion	
L	fühlbarer Wärmestrom	(Joule $cm^{-2} d^{-1}$)
N	Werteanzahl	
OF	Oberfläche	
P	Die bei Kristallisation von 1 cm^3 Wasser freiwerdende Energie	(Joule $cm^{-3} s^{-1}$)
Q	Globalstrahlung;	
	Durchfluß	($m^{-3} s^{-1}$)
Q_R	Idealwert der Globalstrahlung	(Joule $cm^{-2} d^{-1}$)
R	relative Sonnenscheindauer;	
	tetrachorischer Korrelationskoeffizient	
S	Strahlungssaldo	(Joule $cm^{-2} d^{-1}$)

T	absolute Temperatur	(K)
U	vertikaler Wärmestrom von der Wassermasse zur Wasseroberfläche	(Joule $cm^{-2}d^{-1}$)
V	latenter oder Verdunstungswärmestrom; Volumen	(Joule $cm^{-2}d^{-1}$);
V'	V bei Gleichheit von Luft- und Wasseroberflächentemperatur	
VE	Wachstumsgeschwindigkeit der Eisdecke, Eisstandsentwicklung	($km\,d^{-1}$)
W	Tagessumme der atmosphärischen Wärmeströme	(Joule $cm^{-2}d^{-1}$)
W_n	W zum Moment der Eisbildung	
a_0	Koeffizient	
b	Querschnittsbreite des Gewässers	(m)
b_i	Regressionskoeffizienten	
c	spezifische Wärme des Wassers	(Joule $g^{-1}grd^{-1}$)
d	spezifischer Wärmestrom bei Gleichheit von Luft- und Wasseroberflächentemperatur	(Joule $cm^{-2}d^{-1}$)
e	Dampfdruck	(hPa)
e_2	e in 2 m Höhe	
e_0	e an der Wasseroberfläche	
Δe	Dampfdruckdifferenz $e_0 - e_2$	(hPa)
f	relative Luftfeuchte; Freiheitsgrad	(%);
h	mittlere Gewässertiefe	(cm)
k	Wärmeaustauschkoeffizient	(Joule $cm^{-2}grd^{-1}d^{-1}$)
k_z	vertikaler Austauschkoeffizient	(cm^2s^{-1})
l	Flußbettlänge	(m)
m	Mittelwert	
n	Eisbedeckungsgrad	($0{,}0 < n < 1{,}0$)
q	Wärmeströme durch das Flußbett; Quadrantenverhältnis; Transmissionsfaktor = 0,8	
q_B	Bodenwärmestrom	(Joule $cm^{-2}d^{-1}$)
q_d	durch Dissipation von dynamischer Energie hervorgerufene Erwärmung	
r	kurzwelliger Reflexionskoeffizient (Albedo) in Teilen von 1; Korrelationskoeffizient	
r_p	partieller Korrelationskoeffizient	
s	Sonnenscheindauer; Standardabweichung, Streuung; Stoffmenge	(h);
s_{max}	maximal mögliche Sonnenscheindauer	
s_{yx}	Streuung zwischen y und x	
t	Tagesmittel der Lufttemperatur; statistische Prüfgröße	
t_L	Tagesmittel der Lufttemperatur	
t_W	mittlere Wassertemperatur im Querschnitt	
$t_{W,A}$, $t_{W,E}$	Wassertemperatur zum Anfang bzw. Ende des Zeitintervalls	
$t_{W,Eis}$	mittlere Wassertemperatur im Querschnitt, unterhalb welcher Eisbildung einsetzt	(°C)
t_0	Temperatur an der Wasseroberfläche	
Δt	Temperaturdifferenz $= t_0 - t_L$	(grd)
u	mittlere Strömungsgeschwindigkeit	(ms^{-1})
v	Windgeschwindigkeit	
v_2, v_{10}	in 2 bzw. 10 m Höhe	(ms^{-1})
w	Windstärke (Bf)	
z	Vertikalkomponente; Zentralwert	(m);
α	Wärmeübergangszahl Wassermasse — Wasseroberfläche; Irrtumswahrscheinlichkeit	
α_L	Wärmeübergangszahl Wasseroberfläche — Luft	(Joule $cm^{-2}grd^{-1}d^{-1}$)
δ	effektive Erhaltungszahl	
ϱ	Wasserdichte	($g\,cm^{-3}$)
σ	Stefan-Boltzmann-Konstante $= 1{,}188 \cdot 10^{-7}$	(Joule $cm^{-2}d^{-1}grd^{-1}$)
τ	Zeit, Fließzeit	(h, d)
φ	geographische Breite	

Die meteorologischen und hydrologischen Stationen werden im Bedarfsfall folgendermaßen abgekürzt:

A	Angermünde
C	Cottbus
F	Frankfurt
G	Görlitz
Ü	Ückermünde
EH	Eisenhüttenstadt
HS	Hohensaaten
K	Kietz
St	Stützkow
WSA	Wasserstraßenamt

FSC
www.fsc.org
MIX
Papier | Fördert gute Waldnutzung
FSC® C083411

Kolibri 360 GmbH
Ferdinand-Jühlke-Straße 7
99095 Erfurt, Deutschland
produktsicherheit@kolibri360.de